茶與奶的美好相遇

奶茶風味學

職人級精品奶茶

［著］

邱震忠（Roy）

———

［協力撰文］

韓奕（茶公子）

積木文化

CHAPTER **5**
午茶時光

作者
序一

品味一杯奶茶的純粹與美好

邱震忠（Roy）

奶茶樂趣，無遠弗屆，
奶茶風味，無限想像。

一杯香濃奶茶，數世紀以來譜寫了世界茶飲文化的重要史詩。近年來，更不斷地形塑品飲新樣貌，搭配食品加工技術，更多工業味道，取代了天然滋味；似乎，我們忘了自己才是味蕾的主人。

此時此刻，回歸至食材天然風味及自我創作，一杯奶茶的純粹美好，感受上是超乎想像的！書寫這本奶茶書，除了分享遊歷各地、品飲奶茶的趣聞外，更期許能言之有物，不譁眾取寵，引導讀者見樹且見林地徜徉在奶茶多樣化風貌裡。

在章節的安排上，從人文面，巡禮世界奶茶；從知識面，探究風味質地及製作原理；從應用面，信手捻來，融入日常，誘發品味及創作奶茶的生活樂趣。

第一章奶茶的美麗與魅力，不妨將自己置身「Milk in First？Milk in After？」情境中，雙方有趣又略帶機鋒論點，奶茶魅力由此可見！而讀者在遊歷世界品嚐美食時，多走走當地茶館或茶鋪，奶茶豐富人文面貌，盡在杯中滋味。

第二章及第三章，著眼於奶茶風味系統化知識的建立，先說明世界六大茶系風味特徵，並聚焦於紅茶世界多樣化單品風味，再由「鮮奶、水、糖（甜味）」的探究，結合手作奶茶型態及器具選用，體現鮮奶茶的美味核心。

第四章及第五章，與讀者分享優質奶茶生活提案，依著節令，搭著甜點，享受一時片刻的恬靜，Make your own tea！

茶隨處可喝，但大量一致性的商業化口感及加工原料充斥市面，常常讓人忽視了茶葉豐富內含物所孕育的多樣化風貌，輕視純粹滋味的可貴。而網紅效應及飲品快時尚化，不斷地侵蝕思考及品味深度，我們更容易以狹隘視野、淺薄觀點，過分主觀地評定一杯奶茶的良窳，甚是可惜！

對茶涉獵越深，越會期望一壺奶茶，能盡顯茶的風味活力，也能喝到茶奶交融後的和諧滋味。廣泛地多喝是首要，不拘泥單一茶款，保持彈性，開拓自己味覺體驗空間，累積風味資料庫。再來，系統性地疏理這段品飲茶歷程，讓感官自然地記憶。最後，動手做吧！沖一杯自己的手作奶茶，更容易貼近生活，融入日常。

總有一杯奶茶，會讓我們追尋她的樂趣、窮究她的風味，以及創作她的美好。

感謝一路相挺的朋友！

將喝茶文化變成生活習慣
韓奕

**千千萬萬分榮幸您能看到這頁，
是我無上的榮耀，也是一種肯定。**

在眾多飲茶專書中，拿起了這本，您或許是剛開始學會喝茶的朋友，亦或是資深的茶客，都歡迎來閱讀本書的內容，但願這裡的知識有助於認識自己，且充實自己的一生。

撰寫本書時的心情，並非只是以介紹的角度寫出奶茶，而是在實際製作經驗、跨領域的面向中提供整理過後的奶茶所有事，更期待讀者把這本書當作工具書、參考書來使用，若對於細部內容有更多想法，歡迎與作者聯絡解惑喔！

我的人生理想是為了能過著「志業般」的茶葉人生，做著一件自己認為有意義、又能帶給別人快樂的事情，何樂而不為呢？

我希望能提供您獨一無二的茶生活，最容易的方式就是什麼茶都得喝，文化即生活，將喝茶的文化變成生活習慣，成為認識世界的重要途徑。我們就以奶茶成為認識世界的窗口吧！

協力作者
序三

老少咸宜、兼容並蓄的茶奶協奏曲

林俊言

誠摯邀請您，以此書為契機，拿起茶具，
親手調製一杯奶茶，進而與茶結緣。

　　一杯奶茶，看似單純的茶加奶組合，卻有種神奇的魔力，能夠跨越地域與文化的藩籬，讓地球村所有村民們都樂此不疲，從邊疆民族的酥油茶、駱駝奶茶到歐洲的德文郡奶油茶、荷蘭式奶茶等，說著不同語言、吃著不同食物的人們卻不約而同的沉浸在可鹹可甜、變化萬千的奶茶國度中。

　　而奶茶之所以如此迷人，在於其包容性與自由度，使用的基底可以橫跨各大茶類，甚至到廣義的草本植物（如南非國寶茶），搭配不同殺菌法的鮮奶以及糖、蜂蜜等各式甜味素材，甚至鹽與香料，依照當天的心情與需求調配出最適合當前情況的一杯。可以是質樸純粹的 Tea Milk（熱茶與熱牛奶各半），也可以是層次鮮明的柴燒黑糖鍋煮奶茶，繁簡隨心、豐儉由人。

　　說來奇妙，我與茶的緣分，恰恰也始於 6 歲時第一次喝到的木製手推車茶攤蜂蜜奶茶。雖然隨著年齡增長與對茶的了解增加，我逐漸開始欣賞純飲茶的美好之處，但不變的是：奶茶始終在我的日常生活中佔有一席之地。無論喜悅或悲傷、激昂或平靜，一杯或冰或熱的奶茶始終能有效的撫慰身體與心靈。

林俊言——麗采蝶茶館侍茶師，熱愛閱讀與美食，悠遊於茶、咖啡、可可等飲料作物世界的饞嘴貓。企圖用嗅覺、味覺、觸覺等感官為觸角，探索多彩多姿的各地人文與風土，並以美食美飲的色香味作為敲門磚，帶給人們幸福與滿足，讓世界感受臺灣的美好。

知味・品味・玩味

徐仲

知名飲食文化工作者

ROY 是同道中人啊！拿到書稿略為翻閱，感動湧上心頭，是眾裡尋他的驚喜，也是他鄉遇故知的親切味兒。

坊間談飲說食的書籍甚多，但少有能「簡中求繁」的概念，也就是將簡單複雜化，大部分皆是將複雜簡單化，只求讀者入門，不求大道相謀。

我認為「簡中求繁」是形塑職人精神的基礎，簡單之所以不簡單，是在於對極致的追求，或是一盤炒飯，又或是一份壽司，將建構風味的變因逐個拆開分析，追尋每一個提升的可能，看來手段繁複，卻是追求飲食深度化的捷徑。

於是所以，當 ROY 談奶茶，先以「知味」觀點切入，用溫度變化的科學思維，探討先加奶或先加茶的差異，再用宏觀態度，解釋各地不同奶茶文化的風土個性，彰顯滋味之於奶茶的多元性，故以知味。

接著談「品味」，將奶茶的原料拆解分析，分為茶葉品種、牛奶品質、砂糖選擇、水質等變因，思維多種組合堆疊的可能性，透過品嚐分析追求極致感。

最後談「玩味」，以節氣的概念和甜品搭配，讓奶茶融入生活，信手拈來，皆是對美好的觀點。

如是種種，知味品味玩味，以一本書談一杯奶茶，說的不僅是滋味，而是一種做學問的態度，也是一種有深度的生活態度。

因為所以，鄭重推薦。

開啓品味生活的美感習作

顧瑋
臺灣食材與風味創業家

認識麗采蝶，喝麗采蝶的茶，跟麗采蝶學紅茶，至今應該有超過十年的時間。這十年裡，始終不變的，是麗采蝶對於精品紅茶風味的極致講究；年復一年親至產地選茶，風土、品種、工藝，直到一杯茶端上來之前無數次的精挑細選，這些不計代價的細密與用心，你真的在那杯茶裡，喝得出來，紅茶如是，奶茶更如是。

從印度的精品莊園紅茶的價值系統，到不同類型、不同發酵程度茶品的特性分析，延伸至奶茶風味調飲的應用邏輯與風格建立，本書深入淺出地將品味的塑成內化至最多元且最日常的奶茶之中，跳脫既有的框架，巧妙整合國外莊園紅茶的風土工藝與華人的習茶品味，並創新發展出二十四節氣品飲的臺式旬茶生活美學。

不同於坊間手搖飲的設定，麗采蝶將自己多年精研精品莊園茶品的價值標準，貫徹至奶茶的本格設定。從最基本茶底的認識與挑選、沖泡的方式、奶的種類與分量、糖風味的選擇，一杯奶茶可以乘載多少風味可能性，如何在日常裡品出細膩的生活質地，如何在講究裡涵養出新意與興味，這些日復一日精煉後的作品，作者傾囊與讀者分享，一點兒都沒有藏私。

這是一本教你如何喝好茶泡好茶的書，更是以奶茶為名發展出的風味開放題，從每日好好沖煮一杯奶茶開始，開啟品味生活的美感習作。

加入鮮奶
不是要遮掩,而是互相加分

吳安琪
TVBS 主播

「在茶中加入奶,是對茶葉品質的質疑」,書裡提到土耳其人是這樣看奶茶的,其實我本來也這麼想。

還記得當年第一次去拜訪 Roy 的茶館——那時臺灣剛把從日治時代開始的紅茶栽種歷史疏理出來,加上茶改場推出了臺灣特有的臺茶 18 號,一時紅茶話題熱鬧非凡,但當時我對紅茶的感覺……就是紅茶嘛。直到喝了 Roy 從大吉嶺帶回的莊園紅茶,「原來紅茶可以這樣細膩精緻!」當時心裡滿是驚訝讚歎,覺得人生又提升了一個層次。

從此就不時跑去 Roy 的茶館,品好茶之外,也聽他們聊去喜馬拉雅山邊找茶,或驚險或有趣的各種經歷,聽他們如何憑著每杯短短幾秒的啜飲,挑出當年最佳茶葉,進一步以過人的品味及製茶知識,折服那些莊園主人,並且搶標下稀有珍貴的茶品,讓國際頂尖茶人也不得不注意到臺灣的實力。這說來也是為臺灣爭光呢,而這樣的事,Roy 跟夥伴默默做了很多年。

只是,也就因為那些莊園茶滋味如此精巧、取得如此不易,有好一陣子 Roy 的茶館對於搭配的點心無比挑剔,眼看著其他店家不時以繽紛糕點吸引人潮,Roy 跟夥伴們不為所動:莊園茶的細膩風味,可不能被那些鮮奶油、精製糖糟蹋啊!我可以想像他搖手指的樣子。在他的茶館裡,喝下午茶的重點,就是茶。

這就是為什麼當我聽說 Roy 要出奶茶書時，驚訝到好久回不了神的原因。不過先把書稿看過後，發現 Roy 還真是寫出了一本內容豐富的奶茶書──他除了清楚也簡要地說明莊園茶的辨別選購，還有好幾篇奶茶典故，讓人興味盎然地一路看下去，然後重點來了，原來他還針對各節氣推出不同的奶茶配方，運用的則有大吉嶺茶、錫蘭茶、也有臺灣茶。我翻到屬於大雪、冬至的「大吉嶺鑽石鍋煮奶茶」，原本我偏好清雅茶品，沒想到書中選用的爾利亞莊園寶石系列，在我依樣畫葫蘆之後，過去覺得稍濃重的風味，居然轉化出溫潤療癒的核桃香，讓人在品飲時不由得泛出微笑──原來加入鮮奶，不是要遮掩，而是互相加分呢。

　　是說書裡對這款奶茶，還描述了「冷霜滋味」、「沁甜涼韻」，那是怎麼樣的風味啊？

　　Roy，我作業交了，可以煮給我喝喝看嗎？

奶茶風味學

CHAPTER

1

世界奶茶風味誌

奶茶的風味篇章，就像一部電影史詩大作，
優雅且雋永地流傳！

↑ 靜臥喜馬拉雅山，舉世聞名的大吉嶺莊園。

奶茶的美麗與魅力

自從英國人迷上紅茶後，
世界改變了樣貌。

十九世紀中期，原本靜謐的喜馬拉雅山，開始大規模開墾，茶樹大面積種植，逐漸形塑了舉世聞名的大吉嶺莊園紅茶。

而座落於大吉嶺科頌山城（Kurseong）的 Cochrane Hotel，比鄰著 Castleton、Makabari、Ambootia 等世界頂級莊園；最近幾年，每至尋茶、獵茶季節，我總會在這英式都鐸風情的旅店，多待上幾天，早晚享受 Masala Chai（印度香料奶茶）的相伴。

有趣的是，奶茶從不在我莊園尋茶的緊湊行程上，因為懼怕香料，也無法嗜甜。所以，總刻意避開印度友人熱情的奶茶招待，直至初嚐 Cochrane Hotel 的鍋煮奶茶後，著實驚艷！原來茶葉、香料、牛奶及蔗糖，可以如此和諧曼妙地共舞。

↑ 大吉嶺 Cochrane Hotel，飄著北印風格香料奶茶香。
↓ 印度國內奶茶競賽第二名侍茶師，鍋煮 Masala Chai。

於是，目光轉向吧檯區，詳實觀察鍋煮 Masala Chai 的侍茶師。只有簡單的瓦斯爐與不鏽鋼鍋，就像烹煮料理一般，先燒水，快沸騰時，再置茶與香料，兩三分鐘後，轉小火，加奶，加糖，最後濾出奶茶。工序看似平凡，霎那間，茶奶交融的滋味，早已快意流轉於每位客人的茶杯上了。

飲完這杯北印風情的香料奶茶後，嘗試解構杯中風味。原來，這位侍茶師大有來頭，曾贏得印度國內奶茶競賽第二名佳績！鮮奶是當地牛乳品牌，基底茶乃獨家拼配，混合著 Ambootia 莊園秋摘茶、阿薩姆 CTC&OP1 條形紅茶，圓潤飽滿不失細緻；以南印及東北印共 18 種香料調配而出，新鮮辛辣卻十分清爽，整體口感平衡順暢！

優秀的 Tea Barista（侍茶師）正如此，寫意實作，演繹心目中理想奶茶風味，也如春風潛入夜，潤物細無聲般，悄悄觸動味蕾！或許，這就是奶茶讓人無以忘懷的魅力。

奶茶的起源

相傳奶茶源於西藏，因茶馬古道而起，藏民習慣將中國磚茶用煮的，然後再與酥油、鹽巴及青稞混打，作為主食。若要與奶一起飲用，青康藏高原的犛牛奶會是最佳選擇。這樣一碗西藏酥油奶茶，雖稱不上極品，但溫暖飽足，為高原物資困乏的環境，提供十足能量。而隨著藏傳佛教傳至蒙古，耳濡目染之下，大漠邊疆也漸漸在飲用茶之際，加入了羊奶，既飽滿，又能去解大漠飲食的油膩。

茶與奶的結合興起於中國邊疆地區，明清時代的中國，茶仍是清飲居多，品茶之本味。此時的歐洲茶文化，沿襲中國品飲方式，講究禮節，訴諸高雅，茶葉價格高昂，屬於貴族活動。直至英國改變茶葉課稅制度，製糖方式也由甘蔗轉為甜菜，價格才大為降低，也讓更多平民百姓愛上喝茶。英式紅茶的普及，造就了香濃奶茶的全民風潮。

英國人何時開始喝奶茶？仔細觀察當時相關畫作，下午茶的杯具套組，已經出現奶盅，推論應在十七世紀末期。無論是上流貴族或平民百姓，英國人一天的作息，從清晨破曉的那一刻起，早餐茶、三點鐘茶、

伯爵茶等，有了牛奶相伴後，滋味更是迷人；牛奶倒入色澤鮮亮的紅茶湯中，如畫布渲染了色彩，人們對於杯中風味，開始著迷。原本苦澀的茶湯，口感轉為綿滑，牛奶的腥味，也順道而解，再倒入糖，一杯香濃甜的英式奶茶，於焉而生，編寫了世界茶飲文化上重要的風味史詩，也流傳至日不落帝國的殖民地，掀起了奶茶的世界征途。

Milk in first？Milk in after？
先加奶？還是先倒茶？

　　輕鬆簡單的喝一杯奶茶，是多麼惬意快活！但若以嚴謹的心態品飲，抑或追求一杯完美奶茶，內心會糾結的地方可不少。例如，究竟茶杯內要先倒奶？還是後加奶？一層層的糾結，譜寫出一件件趣聞、論證及禮儀。

　　「英國皇家化學學會」是由英國女皇所冊封，既有正統身分，學會的公告也如「奶茶聖論」般廣泛被採用。2003 年 6 月 24 日，學會發表「How to make a perfect cup of tea」一文，定論為「先加牛奶（Milk in Frist）」！

　　以科學本質面來探討，牛奶在超過 75℃ 的環境下，會產生質變，若倒入高溫茶湯中，容易導致表面產生油脂，破壞整體風味。若是冰鮮奶先倒入杯中，熱茶再緩緩倒下，整體溫度不至於超過 75℃，既可保留牛奶質地，紅茶與牛奶混合後風味更加平衡。

　　英國皇家化學學會的結論，驗證了英國人對牛奶有時比紅茶更講究。任何一杯奶茶，牛奶才是美味關鍵，正確的使用牛奶，才能成就一杯奶茶的美好！

　　若從歷史人文或風俗趣聞來說，十九世紀英國茶具稱不上精緻耐用，普通百姓使用的粗製杯具，遇熱容易破裂，先加奶再倒茶，奶茶溫度不會過高，可延長茶杯壽命。尤其在寒冷的冬天，平民百姓飲上一杯香濃熱奶茶，不但身心溫暖飽足，更減少酒類飲品的消費，可謂經濟又實惠。

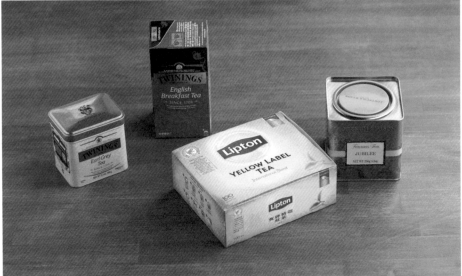

↑ 迷上紅茶的英國人，改變了世界的樣貌。

↓ 風靡全球的英式紅茶：早餐茶、伯爵茶等。

　　相對地，十九世紀英國上流社會則普遍流行「Milk in after」，因為他們使用的是能夠承載熱茶溫度的上等精緻茶杯，這些茶具彰顯其尊貴身分與高雅品味。他們認為先倒茶，再加入牛奶，容易調整出自己偏好的奶茶口感，茶會女主人更能優雅分享飲茶的喜悅。而皇家貴族也因享有取得紅茶的優先權力，茶宴上，將昂貴的茶揮霍如土，提供賓客紅茶味強烈的奶茶，能讓賓主盡歡，更是主人熱忱待客的表現。

　　其實，先加茶或先加奶，對於只想要輕鬆喝杯英式香濃奶茶的人而言，並不是那麼重要。能夠貼近生活，在人們內心才會是杯好奶茶。

　　科學為體，風味為用，生活為趣！認真嚴謹看待英國皇家科學學會的研究觀點，解析奶茶的風味元素，回歸純淨本質，讓茶輕鬆簡單的融入日常生活中，就是一杯優質奶茶。

↑ Milk in first？ Milk in after？ 永無休止的美麗爭論。

↑ 英式下午茶，牛奶是美味的關鍵。

世界奶茶風味誌

—— 1-2 ——

世界奶茶人文風味

行萬里路,品萬杯茶,
茶的迷人之處,盡在杯中風味,
以及茶所繁衍出的豐富人文風貌。

探訪來自各地不同的奶茶風貌,薈萃出世界茶飲風味的燦爛圖騰。現在就展開一場世界奶茶人文風味巡禮吧!

西藏酥油奶茶

西藏酥油奶茶,早聞名於世,實際喝過,很難與奶茶連結,其實更像是一道家庭料理。基底茶使用黑磚茶烹煮,下鹽,不下糖,加入犛牛奶、牛奶煉出的酥油(Yak Butter,自產無水奶油)。因此,西藏酥油奶茶為鹹味的奶油茶。

↑ 西藏八角街。

↑ 大吉嶺山城，藏民餐館平價實惠的酥油奶茶早餐。
↓ 北疆天山，遊牧民族趕場。

第一次喝到這頗具盛名的西藏酥油奶茶，是在拉薩大昭寺外的八角街，師傅熟練地打茶，將煮過的黑磚茶湯、鹽巴、酥油等放進木樁，再以木棍上下混打，最後倒入碗內，並提醒：一口酥油茶，一口糌粑，才是最道地的藏式下午茶。一口茶，一口糌粑，口感濃稠，足以飽餐。

初嚐有些鹹、有些油的藏式奶茶，對於習慣英式奶茶的人，肯定十分違和，我也不例外！但酥油奶茶畢竟是因應艱困條件而生的，置身在貧瘠環境或許更能深刻感受。一次前往珠穆郎瑪峰基地營的路途上，晚上 12 點、零下 5℃，飢腸轆轆抵達海拔 5200 公尺的絨布寺，此處土地貧瘠、寸草不生，當寺院喇嘛奉上酥油奶茶，便沒了違和感，心中的尊重與感恩，突然湧上！

數年後，印度莊園尋茶、獵茶的旅途中，漫步在大吉嶺中心廣場，無意中鑽進巷弄內藏民經營的餐館，再次喝到酥油奶茶。何其有幸，一生能在壯闊的喜馬拉雅山南北兩側，都喝到西藏酥油奶茶！想必，在南側異鄉生活的藏民們，內心也盼望能回家鄉喝杯奶茶吧！

新疆酸奶茶

若要品嚐原始粗獷的奶茶風味，大漠風情獨有的新疆酸奶茶，絕對是名單之一。它不似茶飲，更像茶點。

金秋時分，北疆之旅，吉普車正穿越戈壁沙漠，中途停靠了遊牧民族的蒙古包，害羞的哈薩克小女孩，端了碗酸奶，熱情的女主人，正好燒了一鍋茯磚茶，隨即倒入碗內，再淋上單峰駱駝奶，一碗新疆酸奶茶奉客。如此的風味結構，已超出我的奶茶知識；由於淺意識的抗拒心，一開始只是禮貌性淺嚐一口，下肚之後便是爽朗地豪飲了。茶湯微酸，帶些酒香，口感綿綢帶潤。茯磚茶的厚實平衡了駱駝奶鹹腥滋味，混合著馬奶原料製成的酸奶，恰到好處。

而這流傳百年的新疆酸奶茶，以茯磚茶為基底，相傳為清朝左宗棠平定新疆時帶入，最普遍作法是在茶壺裡加入常溫水，再投入茯磚茶，以小火慢熬，之後根據不同喜好，或純飲，或加入乾果、香料、酥油、羊油、馬油等，最後再加入鮮奶或酸奶，每家風味各異，代代相傳。

　　說到乳源的豐富度，遊牧民族自是幸福萬分，逐水草放牧或圈養的馬、羊、駱駝等，皆是來源。鮮馬奶常做成酸奶，加入酒麴，透過發酵，可存放，可混食。鮮羊奶或駱駝奶為日常生活飲用的鮮奶，高鈣及飽和脂肪低，營養價值高，最後倒入茯磚茶湯中，一杯大漠風情的新疆酸奶茶，是抵禦疾病，且助消化的天然飲品。

蒙古奶茶（cүүтэйцай）

　　蒙古奶茶，又稱「蘇臺茄」，版本眾多，共通基礎是使用磚茶。茶湯在鐵鍋中煮至近黑的咖啡色，接著加入鹽和炒米，再調入自製的「奶酪」（註 1），最後倒入動物性黃油，裝入大壺中與家人、賓客一起享用。較為講究的作法是，在茶汁烹煮中必須用湯勺重複舀起茶汁倒入，稱為「揚沸」，目的是讓奶茶的味道更為融合；除了炒米外也會使用其他香料、穀物調製成祕方；也有煮茶前先將茶葉炒香的作法。

　　蒙古奶茶的特色，是結合「茶香、奶香、米香」，因為使用普洱茶為基底又加入各種調料，幾乎不會有苦澀味，奶香濃郁口感淡薄卻十分滑順，油脂香盈，鹹香襯托出奶製品的甜味，非常特別。享用時，桌上會擺出包括奶嚼克、炒米、肉乾或肉條、奶皮、奶豆腐、奶片、各類果乾、果條（註 2）搭配食用。

　　蒙古奶茶雖是熱飲形式，但因為烹煮的關係，即使放涼後味道仍然融合均勻，雖然油脂味明顯，仍不減品飲樂趣，常作為早餐食用，或是招待客人時最普遍的飲品。

← 有趣的駱駝奶，在新疆市集已是大眾飲料了。
→ 蒙古遊牧民族自製酸奶酪。

註 1 ＿蒙古的奶酪與起司、乳酪不同，是未殺菌的牛乳靜置自然發酵生成的產物，其餘乳製品也是在這個基礎上製作，吃起來最突出的是奶香，如奶豆腐的味道，有點接近沒有酸味的茅屋起司。

註 2 ＿果條為奶油、白糖、麵粉以羊油炸熟的小點，並非水果製品。

印度香料奶茶（Masala Chai）

Masala，綜合香料之意。Masala Chai 是印度國民茶飲，風味也因香料之異，衍生出華麗、厚實、嗆辣等多元風貌。常見的經典香料配方有：增進香氣的肉桂角、肉桂棒、丁香、小茴香、月桂葉，及加強辣度的薑、荳蔻、胡椒。如果缺了這款香料奶茶，有十三億人口的大象之國，肯定暴動。因此，印度政府高度管控茶葉出口。

一杯香料奶茶，不僅僅是「茶、香料、糖、鮮奶」層層風味的結合，更是紅茶之國深厚底蘊的展現。而這底蘊，得從加爾各答（Kolkata）說起。

加爾各答，英國殖民時期首都，世界紅茶產業樞紐，印度眾多茶企總部所在。每逢大葉種紅茶（阿薩姆品種）產季，眾家茶企的杯測室，早晚排滿了數百杯 CTC 茶樣，再由資深專業評茶師，以快速俐落的茶葉官能鑑定，評定每一茶樣的質量及身價。初次到訪時，這壯觀的杯測量，著實震撼，隨即茶企經理邀請我加入杯測。第一輪，杯測科學比例萃取後的茶湯，茶湯色澤亮紅鮮豔、質地厚實、收斂性佳，評為上品！第二輪，加入鮮奶於碗內，簡單攪拌後再次杯測，上品茶樣，口感更顯濃醇，滋味飽滿綿密。杯測後，世界紅茶之都的底蘊，品過才知其深，每一位品茶師嚴謹的感官回饋，一次次築起印度香料奶茶最重要的品質基石。

↑ 香料奶茶
← 加爾各答街景

　　茶雖然是 Masala Chai 的基石，但名為香料奶茶，風味靈魂自然來自香料多樣化組合配方，再透過烹煮方式施以魔法，賦予深度。或許大眾會認為，香料奶茶不過就是「茶、香料、鮮奶、糖」一同烹煮，甜茶控，就多加糖，厚奶控，就多加奶，香料控，就滿滿香料味。若只是這樣可就輕忽了印度香料奶茶的精髓了！

　　香料開啟印度人的每一天，既為料理之用，必須先疏理印度料理風格，才能懂得品味印度香料奶茶！北印重香氣，南印重濃且辛辣，在演繹香料奶茶的傳統技法上，北印注重每一道「煮」的程序，先煮茶，再倒入鮮奶煮到沸騰，過程中產生的牛奶腥臊味，要加入較多香氣濃的香料，去除腥味，煮至風味平衡且融合。南印則將香料及茶葉同時烹煮，香料味道重，再加入鮮奶及糖調和，因鮮奶未與茶同時烹煮，有時風味融合度差，所以會有拉茶的動作，除了可以增進滋味融合，也可讓茶湯降溫（南印天氣炎熱），這也是「印度拉茶」的由來。

　　印度香料奶茶無遠弗屆的魅力，當屬街邊傳統小茶鋪，人人手執粗陶杯，杯內奶茶香濃嗆甜，價格平實。當地人習慣飲完這一小杯奶茶後，直接摔破陶杯，像是完成奶茶儀式般，靈魂獲得救贖。若是有空漫步在印度街邊，看見人人簇擁的小茶鋪，可以多留意，別錯過了，或許這茶鋪的獨家印度香料奶茶配方，代代相傳甚久了。

↑ 印度奶茶街景
← 印度茶企杯測室

荷蘭歐陸式奶茶

　　鮮奶環繞的美好，風車王國最知道！荷蘭畜牧業全球頂尖，科學化管理，品質嚴格把關，造就高品質鮮奶。如此得天獨厚的乳資源，煮起奶茶，荷蘭人可是豪氣十足，加奶多於茶葉，名副其實的厚奶茶，更多的奶香味，凸顯荷蘭奶茶的濃香醇厚！

　　回溯至大航海時代，荷蘭東印度公司率先將中國茶葉、糖、瓷器等引進歐洲，如同稀世珍寶般，初期只有王公貴族享用。一世紀後，平民階層飲茶之風漸漸興起，而此時茶葉價格仍是昂貴，先加牛奶再加茶（Milk in first）的喝法，不但可避免熱茶造成杯子的爆裂，加入更多的鮮奶，也可降低珍貴茶葉的消耗量。漸漸地，十七世紀後期，荷蘭奶茶已是平民消費。

　　荷蘭奶茶雖不像英國香濃奶茶聞名，但對於歐陸人民飲用奶茶的普及，可是居功厥偉！鮮奶風味突出的荷蘭歐陸「厚奶茶」，十八世紀後，很快地風靡歐洲大陸，連最初臺灣對奶茶的認知，也與荷蘭人習習相關。

德國東弗里斯蘭奶茶

　　德國本身不產茶，卻深諳紅茶及花草調配之道。位於德國東北部的東弗里斯蘭有德國紅茶的美稱，以阿薩姆紅茶為主，再特別拼配數十種紅茶，創造出茶湯豐富的香氣與口感，譽為黑色黃金（schwarze geld）。

　　德國紅茶的誕生，主要是為了適應當地富含石灰質的水脈而製作，所以並不適合鈣質水或其他水脈。現在，眾多德國茶館的茶單皆列於上，其中以這三家最為著名：Bünting、Thiele、Onno Behrends。

　　而東弗里斯蘭茶（Ostfriesentee），更進而衍生成德國北部沿海地區特有的茶文化，當地人稱為東弗里斯蘭茶道（Teetied），嚴謹繁複，已列為教科文組織非物質文化遺產。

　　東弗里斯蘭茶道：先將大冰糖（Kluntje）置於杯中，再倒入熱紅茶，最後用奶油匙以逆時針方向點綴鮮奶油，緩緩化出奶油雲，而茶必須在不攪拌的情況下飲用，杯緣會散發紅茶的果酸香氣。第一口先嚐濃厚強烈的紅茶滋味，第二口再品嚐茶乳初融滋味，最後則喝到杯子底部

的加糖茶的甜味。透過冰糖融化及奶油溶解，味覺感受，先苦後甘，奶油味越來越濃，直至完整交融。整個茶道儀式，需嚴謹喝滿三杯，才算完整！

土耳其奶茶

　　土耳其是全球五大茶葉生產國之一，人均消費茶葉更是全球第一！但有趣的是，土耳其奶茶並非奶茶！

　　土耳其人認為，在茶中加入奶，是對茶葉品質的質疑，所以土耳其風格的茶文化，不存在奶茶。現今偶爾聽聞的「土耳其奶茶」，實際上是 salep，一種沒有茶、也可能沒有奶的熱飲，原料包括：水、蘭莖粉、糖、橙花水、玫瑰花水、肉桂粉、開心果碎，用土耳其特產蘭莖粉加入熱水產生的稠化感製造豐厚的口感，加上糖和花水調味，並以肉桂粉、開心穀碎裝飾，帶有淡淡奶香味。（現在也有加入鮮奶的飲用方式，不過仍然沒有茶）

↑　土耳其茶

港式絲襪奶茶、鴛鴦奶茶

香港長期受到英國文化薰陶,東西薈萃,逐漸發展出特有的港茶文化及港味十足的絲襪奶茶、鴛鴦奶茶。一口港式點心,一口凍奶茶,是最港的滋味!

聞名的絲襪奶茶,選用碎末狀錫蘭紅茶作為濃郁的茶湯基底,另有配方會加立頓紅茶增添茶香。製作時要將配方紅茶放入網袋中注熱水,因網袋會多次重複使用,顏色如網襪般的深咖啡色,故名絲襪奶茶。沖泡時,將濾網掛在大茶壺上沖泡,香港稱此種茶壺為茶煲、水煲,需邊焗茶、邊左右撞茶,再倒入另一個茶壺中,如此反複數次足讓茶湯濃厚。此濃郁基底紅茶,專業名詞稱為「茶膽」,茶膽的顏色深邃、濃郁、具有高飽和厚度,最後與淡奶混搭成絲襪奶茶。

最著名絲襪奶茶據說為蘭芳園茶餐廳,經典作法是焗茶時,加入烤過後的蛋殼,一來減少苦澀、增添風味,二來沖茶過程具有強烈表演張力。相傳正宗的手勢是「一沖二焗三撞四回溫」的口訣,加入的淡奶除

↑ 港式絲襪奶茶

↑ 港式奶茶過濾茶網

了雀巢的三花淡奶，就是使用率最高的荷蘭黑白淡奶，比例上一份淡奶就得有三份紅茶，即 1：3 的黃金比例。

　　偶爾也有搭配煉乳、咖啡的調配組合。搭配煉乳，且不加砂糖稱作「茶走」、佐咖啡的版本稱作「鴛鴦」，都是港式奶茶的經典茶款。

泰式奶茶

　　泰式風情奶茶，橙橘鮮豔，甜味滿滿，冰涼暢快，走在泰國街上，密集分布的奶茶鋪前，人手一杯，滿滿的冰塊塞入杯內，更襯托亮豔的橙橘茶湯，最適合當地炎熱的氣候！

　　最傳統作法：基底茶必須使用泰國最具指標的手標紅茶 ChaTraMue（ชาตรามือ），搭配砂糖、鮮奶、煉乳、淡奶組合而成。當地主流作法，與港式奶茶有異曲同工之妙，融合「茶走」作法，一樣採用濾網掛把，將泰式手標茶倒入其中沖泡、烹煮，使茶味濃郁厚重；不同的是，單一

↑　鴛鴦奶茶

↑　泰式奶茶

茶桶中上下拉動濾網，加入奶粉、奶精跟必備的煉乳一同攪拌，喜歡甜味重些，另外再加砂糖。

待熱茶跟奶製品融合後，以大量冰塊作成冰鎮茶，再多些淡奶或鮮乳增加風味。至於奶製品的原料，因雀巢高市佔率因素，最容易取得，絕大數都是雀巢出品，包括奶粉、淡奶、煉乳。

一杯橙橘亮豔的泰國奶茶，就像當地友善人情，熱情滿滿！

緬甸奶茶

緬甸奶茶可說是殖民文化的大熔爐，在英國殖民時期所留存的紅茶文化基礎上，融合了印度及泰國奶茶的作法。整體而言，類似煉乳奶茶，飲用時會配油條、印度甩餅。

街邊攤車，演繹著緬甸奶茶最美風情！奶茶攤車上會有一鍋保持煮滾的濃茶，顧客點餐後，會將糖、煉乳先加入杯子或碗內，隨即將熱茶沖入，即是一杯緬甸奶茶。此作法似越南咖啡，將熱茶／熱咖啡沖入裝有煉乳及糖的杯／碗中，不特別攪拌，也不拉茶，再與餐點搭配。

奶製品，主要採用煉乳、淡奶，少數也會用奶水調製；糖普遍使用白砂糖；基底茶受英國文化影響，選用風味濃郁的錫蘭紅茶，不添加其他香料佐味。同臺灣手搖茶飲，緬甸奶茶有著客製化調配，包括無糖、少糖、少茶、多茶、冰等版本可供選擇。

馬來西亞拉茶、海南茶

南印度特有的拉茶（Tea Tarik）作法，在東南亞發揚光大，馬來西亞、新加坡、印尼等地都見得到拉茶蹤影。茶鋪師傅，俐落地用兩個杯子，將牛奶與茶倒來倒去，距離愈倒愈遠，空中拉出一道棕色弧線。如此一來，空氣中茶奶香四溢，綿密口感，風味均勻結合，是最具五感張力的奶茶體驗。

馬來西亞拉茶除了得要有熟練的「拉茶」工夫外，最獨特處，莫過於以馬來西亞當地產製的紅茶、荷蘭黑白煉乳及肉桂特別調製而成，其他地

↑ 緬甸奶茶

方難以複製，專屬於大馬的國民奶茶！客製化同樣不能少，如 O 代表加糖不加奶，C 代表加糖加鮮奶，Kosong 代表不加糖不加奶，Beng 代表加冰。

而海南茶，同屬拉茶系統、更追求在地化所發展出的特色奶茶。原料增加了咖啡粉、茶粉、咖啡，製作過程繁瑣，會先將調配好的咖啡粉＋茶粉「拉」完後打成綿密奶泡狀，在杯中先加入淡奶、煉乳，注入另外沖泡的咖啡、茶，最後加入打成綿密泡泡的咖啡茶。

海南茶的咖啡與茶的比例並無固定，咖啡粉、茶粉也通常混合不同產地的多種茶、咖啡豆製成，每家茶室都熱衷創造獨門配方，並在獲得顧客好評後，紛紛冠上自己的商品名，成為馬來西亞最具特色的海南茶。

臺灣珍珠奶茶、奶蓋茶

珍珠奶茶是臺灣最具國際知名度的平民文化茶飲，見證了臺灣茶生活的轉型，遠征國際，打造了最亮眼的「臺灣味」。繽紛的臺灣珍奶，衍生出奶蓋、波霸、黑糖珍珠、高顏質色彩粉圓等創意喝法，孕育出特有的福爾摩沙奶茶風尚。

這充滿魔力的珍奶喝法，結合了品飲樂趣及咀嚼動感，透過一根尺寸嚴格規定的吸管（長 20 公分，寬 1.5 公分），讓珍珠隨著奶茶吸至口中。隨心所欲，一口珍珠的咀嚼，一口奶茶的交融，幸福悸動！

珍珠奶茶能夠大量普及，歸功於「外帶手搖飲料」型式，標準化的內場作業流程，搭配外場客製化現點現做，快速穩定。製作方式：煮好每家專屬配方的基底茶湯，選用茶葉類型，如經典的大葉種紅茶（阿薩姆紅茶、錫蘭紅茶或古早味紅茶等）、烏龍茶、綠茶、炭焙茶等。接著，依消費者需求，調整甜度、冰度，最後加入牛奶與珍珠，一杯國民珍奶，完成。

而掀起珍奶浪潮，當屬讓珍奶控魂縈夢牽的珍珠莫屬！珍珠的前身為粉圓，使用不同種根莖作物澱粉製成，熬煮後與糖水蜜漬，增加甜度。除了咀嚼的樂趣外，更扮演起顏值擔當；2018 年，手炒黑糖的黑糖珍珠席捲全球各地珍奶店，那黑糖漿流瀉在透明杯緣上如虎斑，大家拍照

在 IG 分享，炒熱了黑糖珍奶風潮，也帶動珍珠色澤的進化，透過不同顏色珍珠為主體，再用分層方式搭配鮮奶與茶湯，展現出混沌茶色與珍珠色澤的漸層變化。一波又一波的網紅行銷，珍珠奶茶如快時尚般撼動手搖茶飲！

奶蓋茶，師承泡沫紅茶，借鏡甜點及咖啡拿鐵技法。為了因應都會社交需求，而催生了奶蓋茶。奶蓋茶會在茶湯上層打上一層鹹奶蓋，如拿鐵般，以口就杯，口感上同時喝到上方綿密濃郁的奶蓋及下層鮮明的茶湯，兩者風味交融，奶蓋的鹹味刺激乳脂的甜味，略帶收斂感的冰茶平衡奶蓋的油膩感，讓人欲罷不能。

奶蓋茶所選用的基底茶以紅茶占大宗，再來為綠茶及烏龍茶。隨著水果茶的盛行，融入茶果（奶）昔作法。奶蓋以鮮奶油加入糖及鹽，用電動攪拌器攪打至蓬鬆滑順並接近固體的狀態，最後再倒入果茶上層，創造出更多變的視覺及口感效果，豐富了臺灣國民茶飲文化。

↑ 臺灣珍珠奶茶

↑ 奶蓋茶

奶茶風味學

~

CHAPTER

2

奶茶風味學

一壺出色的奶茶，得解構不同茶葉、水、牛奶
與糖等本質特色，在深諳滋味成因後，
才能靈活善用，詮釋風味。

↑ 國際紅茶精緻採摘等級 TGFOP

認識茶・品味茶

**多樣化基底茶風貌，
豐富了世界奶茶風味譜系。**

基底茶孕育了奶茶的主體風味，更是建構風味基石非常重要的一環。茶世界雖如汪洋之浩瀚，但是只要透過有系統地識茶、品茶，從不同類別、產區、等級來疏理歸納，累積基底茶知識，忠於本質，便可更真實地欣賞一杯奶茶的純粹與美好。

國際茶葉分類——適合與牛奶調配的茶款

　　國際茶葉分類，從製造過程所產生的不同發酵程度（氧化作用），可依序分為綠茶、白茶、黃茶、青茶、紅茶、黑茶；適合作為奶茶的，主要以大葉種紅茶為主，而東亞地區鄰近的綠茶與烏龍茶產區，風味特徵，也由紅茶為基底的英式香濃奶茶，拓展至清爽鮮活的日式抹茶或臺式清奶茶，讓奶茶世界的風味譜系更為多彩繽紛！

　　茶葉分類，簡單說明了不同茶類別的概要與特徵，要開啟最大宗奶茶的基底茶風味大門，就得從國際紅茶產製規範、製茶工藝與產區風土條件來探索。

國際茶葉分類			
茶類	發酵度	品賞重點	適合茶款
綠茶	不發酵	綠豆粉甜，海苔鮮味 清香鮮嫩清爽的口感	碧螺春 日本抹茶／煎茶
青茶	輕發酵	鮮花香，鮮果蜜甜 細膩鮮明悠長的口感	四季春／金萱 臺灣高山烏龍
	中重發酵	糯米香，熟果蜜甜 飽滿溫潤回甘的口感	凍頂烏龍／鐵觀音烏龍 岩茶
紅茶	輕發酵	草香、豆香、花香，鮮果蜜甜 清新豐富細緻的口感	大吉嶺春摘茶
	重發酵	玫瑰香、麥芽香，熟果蜜甜， 果梅酸 豐富飽滿富收斂性口感	阿薩姆／錫蘭紅茶 肯亞紅茶／印尼紅茶 臺灣紅玉／蜜香紅茶 大吉嶺夏摘與秋摘茶
黑茶	後發酵	松香、熟果、木甜 溫潤醇穩的口感	安化黑茶／廣西六堡茶 雲南普洱

國際紅茶產製規範

　　歐式香濃奶茶風靡全球數百年，歸功於工業革命時代的荷蘭及英國，定義了紅茶分級與產製規範，使得紅茶品質更趨穩定、一致，並促成了印度阿薩姆、斯里蘭卡及肯亞等大規模知名紅茶產區的建立，加速奶茶全球化風潮。在了解奶茶之前，必須先認識國際紅茶產製規範，從

中養成看茶形、品茶湯、驗茶底的科學精神，才能有所圭臬，不盲目跟從，隨波逐流。

紅茶產製等級及工序

　　西方世界從茶葉採摘部位定義了紅茶分級，採摘越細緻的，品質越好，再搭配產製後的篩選程序，發展出客觀等級標示，減少以香氣及主觀口感來衡量優劣。紅茶世界常見 PEKOE 等級（P），發音源於中國廣東話「白毫」，為採摘的第三葉；細緻採摘的第二葉，標示為 OP（Orange PEKOE，橙黃白毫）；更細緻採摘至第一葉，標示為 FOP（Flowery Orange PEKOE，花橙白毫）。若有包含珍貴的芯芽，就加上 TG（Tippy Golden），完整標示為 TGFOP，即一芯一葉的採摘部分。

　　採摘完後，除去品質不佳或破損茶葉，讓外觀趨於一致，即邁入傳統紅茶製茶工序（Orthodox），至少一天工時，毛茶於焉而成。這些最初篩選過的茶葉，會標示 1，透過人工或過篩機再次細挑的，標示

↑ 四層過篩後的全葉紅茶、碎葉紅茶、細碎葉紅茶、紅茶粉末。

傳統紅茶與 CTC 比較			
紅茶工法	類別	常見等級標示	風味特徵與品飲應用
傳統	原葉	OP1, FOP1, TGFOP1, FTGFOP1, SFTGFOP1	風味純淨，質地細緻，單品純飲適用
	碎葉	BPS, BOP1, FBOP1, GBOP1	兼具細膩與厚度口感純飲，奶茶與水果茶適用
	細碎葉	Fanning	味濃粗澀，用於茶包奶茶與調味茶適用
	粉末	Dust	味濃粗澀質地薄，用於茶包奶茶與調味茶適用
CTC	顆粒	CTC	大顆粒：風味濃郁、口感厚實 小顆粒：風味濃郁、口感甘醇 奶茶，調味茶，純飲適用

為 F（Finest），再一次篩選的，標示為 S（Super），最高等級茶葉，標示為 SFTGFOP1（Super Finest Tippy Golden Flowery Orange Pekoe）。其實如此高等級的原葉紅茶，占整體紅茶產量比例甚低，因成本高昂，更顯珍貴。

以傳統紅茶工藝製成的毛茶，因揉捻工序，茶葉常無法保持完整度，製作完成後，需要四層過篩，最上層的是完整原葉，下一層是碎葉 B（Broken），然後細碎葉 F（Fanning）及粉末 D（Dust）等不同等級。通常用於奶茶的茶原料，多數是採用 Broken、Fanning 及 Dust 等級，因其沖泡後有更濃厚的茶體，與濃稠牛奶搭配，恰到好處。

在紅茶製作工序上，除了前述傳統工藝（Orthodox）外，CTC 製法更普遍運用於大葉種紅茶上。英國人所研發出快速、簡單又兼具效率的 CTC（Crush、Tear、Curl）製程，適合大規模生產，茶葉透過快速氧化，迅速達成紅茶需要的完整濃郁茶體。沖泡上，也是快速溶解出茶味，並保有厚實口感。

原葉紅茶等級越高，質地越細緻，風味越純淨，適合單品純飲，如大吉嶺莊園等級的精品紅茶。至於廣泛用於奶茶的紅茶，需要質地厚實，風味直接飽滿強勁的基底茶，廣泛採用的是 BP、BOP、BFOP 等碎形（Broken）紅茶，或 CTC 紅茶。了解茶葉等級及其茶體特性之後，不論純飲或與牛奶搭配，就更能相得益彰：

碎葉紅茶

細碎葉紅茶

全葉紅茶

紅茶粉末

CTC 紅茶

從紅茶產區標章認識茶風味

　　一杯紅茶承載了產區的風土條件，連接了茶葉、土地與製茶工藝等自然人文特質，讓地方性十足的風土滋味，躍然於杯上，建構了該產區獨特的風土價值體系。清楚地認識紅茶世界中不同的產區標章，藉由感受其各自鮮明的風土滋味，才能在越來越專業的全球化品牌商業風味中，維持清醒，保有味蕾獨立體驗的空間，選擇屬於自己的一款好（奶）茶。

原產地認證

　　茶葉是國際貿易上極為重要的經濟農作物，由官方正式提供的原產地認證，確保來源地的正確性，維護產區信譽，包括印度、斯里蘭卡等紅茶國度，出口時，皆會附上官方文件，確保茶葉符合國家質量要求。

　　原產地認證，通常縮寫為 C ／ O、CO、DOO。

　　除原產地認證外，紅茶世界的產地標章，除了證明來源地的真實性外，清楚的圖騰標示，也傳遞了每一產區的風土價值。

大吉嶺莊園茶
官方產地認證標章

阿薩姆紅茶
官方產地認證標章

原產地認證
Certificate of Origin

尼爾吉里紅茶
官方產地認證標章

錫蘭紅茶官方標章

秋摘茶

夏摘茶

春摘茶

↑ 有「紅茶香檳」美譽的大吉嶺莊園茶。

大吉嶺
DARJEELING

　　位於喜馬拉雅山麓的大吉嶺茶區，平均海拔 2000 公尺，舉世公認優質的莊園紅茶產區，印度少女手執一芯二嫩葉的產地標章，傳達了最精湛的傳統製茶工藝，由手採嫩芽開始，而最細緻的紅茶風情，也唯有大吉嶺！

　　大吉嶺紅茶有「紅茶香檳」的美譽，種植中國小葉種及當地培育出香甜系樹種（Clonal）。官方認證共有 87 個莊園，年產量約 8000 公噸（一年全球市場上所流通的大吉嶺茶，超過 5 萬公噸），唯有此產區莊園所產製的紅茶，才能使用官方產地標章，足見其珍貴性。

↑ 大吉嶺頂級莊園茶出口木箱，完整呈現國際認證及產製資訊。

❶ TURZUM（塔桑）：莊園名，大吉嶺西側的紅茶莊園。
❷ DJ/459/07072014/P：產製批號。
❸ IMO：歐盟有機標章。
❹ USDA：美國有機標章。

　　相較於大葉種紅茶，大吉嶺莊園紅茶細緻清甜，香氣馥郁，層次豐富，歐洲人以「麝香葡萄果韻」形容其香氣與風味。受喜馬拉雅山終年季風吹拂，一年產季約三至四次，春摘茶細膩花香青果滋味（1st Flush）、夏摘茶（2nd Flush）橙果香熟果蜜甜滋味、秋摘茶（Autumn Flush）熟果甘醇滋味。其中，最受全球茶饕讚賞為春摘及夏摘，有茶中香檳美稱，適合單品純飲！

阿薩姆
ASSAM

　　阿薩姆紅茶茶區位於印度東北部的阿薩姆邦（Assam），十九世紀中期，英國軍官發現了原生大葉種茶樹，便以此阿薩姆地理名稱來為茶樹命名，發展至今，已是全球最大單一紅茶產區，官方認證共有 855 間大型莊園與超過上千家茶園，年產量超過 50 萬公噸。

　　阿薩姆邦以自然風光聞名，布拉瑪普特拉河（上游為西藏的雅魯藏布江）貫穿此區域，數千年雨季沖刷下無數泥土，孕育成豐饒廣闊的平原，阿薩姆眾多茶園即開墾於此。阿薩姆紅茶產地標章，標示著其保育類野生動物國家公園的犀牛，並以最正統的阿薩姆樹種與工藝自豪！

　　原產地的阿薩姆紅茶，有著天然的麥芽香，口感鮮甜醇厚，帶著飽滿熟果梅微酸滋味。製茶工藝上，保有最傳統工序（Orthodox），也盛行著 CTC 製法，兼具精品紅茶及大宗商用茶特性。全球紅茶譜系中，也因阿薩姆紅茶的誕生，掀起了紅茶全球化運動，延續至今。

↓ 阿薩姆傳統工序的條型紅茶 v.s CTC 紅茶。

條型紅茶　　　　　　　　CTC 紅茶

尼爾吉里
NILGIRI

　　尼爾吉里紅茶以「藍山紅茶」著名，傳遞著高海拔紅茶特有風情。「尼爾吉里」有「青山」涵義，紅茶產地標章遂以淡藍為主軸，同時也呼應藍山紅茶之意。

　　尼爾吉里廣泛種植著阿薩姆樹種，風味上較印度阿薩姆紅茶輕甜、較大吉嶺紅茶醇厚。香氣上，散發著甜柔橙橘香與近似大吉嶺的清雅花香，入口後芬芳熟果滋味，保有紅茶紮實質地。製茶工藝上，以 CTC 製法為主（小顆粒居多），超過一半出口，作為歐美茶品牌調味茶之用。

斯里蘭卡
CEYLON

　　斯里蘭卡，印度洋珍珠，古稱獅子國，1948 年脫離英國獨立後，定國名為錫蘭，出口國際市場的紅茶，即以錫蘭紅茶稱之。1972 年錫蘭廢除君主制，改稱「斯里蘭卡共和國」。斯里蘭卡政府為確保純正錫蘭紅茶的質量，有著嚴謹的規範，其官方的認證標章上，獅王執劍，標示 Ceylon Tea & Symbol of Quality，象徵著純正錫蘭紅茶及品質保證。

→ 有「黃金杯」
美稱的烏巴紅茶。

充滿貴族氣息的獅子國紅茶，要貼上此標章——質量須符合斯里蘭卡茶葉委員會標準，不得添加其他國家茶葉；且產品須在斯里蘭卡分裝。

地處赤道的斯里蘭卡，屬於標準海島型氣候，終年炎熱、潮濕，十九世紀中後期開墾茶區至今，共發展出七大茶區，廣植大葉種阿薩姆茶樹。而不同茶區裡有各自的氣候及高度條件，讓口感紮實的阿薩姆樹種，隨著多樣性微型氣候變化，豐富錫蘭紅茶繽紛亮麗的茶湯色澤。如有著黃金杯榮耀的烏巴紅茶（UVA），其可是百年前曾與大吉嶺紅茶、祈門紅茶，共享世界三大頂級紅茶頭銜的茶種。

錫蘭紅茶，簡單區分為低地茶（Low Land，600 公尺以下）、中地茶（Middle Land，600 至 1200 公尺）及高地茶（High Land，1200 公尺以上）等。低地茶，日照充足，兒茶素豐富，收斂性強烈；高地茶，雲霧繚繞，口感清甜純淨。著名茶區的夏季低地紅茶，在可倫坡茶葉拍賣中心的市場成交價，可是高於高地茶。原因無他，海外市場強烈的錫蘭奶茶需求，推升了優質低地茶的拍賣價格。

在製茶工藝上，不同於印度紅茶主流 CTC 工法，錫蘭紅茶以最傳統紅茶技藝自豪，在國際市場上傳達最純正大葉種紅茶工藝風味。

常見的錫蘭紅茶產區及風味特質		
茶區	海拔高度	風味特徵與品飲應用
盧哈娜茶區 Ruhuna	0 ～ 600 公尺 低地茶	煙燻香，強勁醇厚熟果韻， 品質穩定。 適合純飲，調飲，奶茶。
康堤茶區 Kandy	600 ～ 1220 公尺 中地茶	玫瑰香，圓潤鮮爽茶體， 1 ～ 3 月品質最佳。 適合調飲，奶茶。
烏巴茶區 UVA	950 ～ 1500 公尺 中高地茶	薄荷香，強勁醇厚茶體， 7 ～ 9 月品質最佳。 適合調飲，奶茶。
汀普拉茶區 Dimbula	1050 ～ 1500 公尺 高地茶為主	茉莉花香，清新鮮爽橙果韻， 1 ～ 3 月品質最佳。 適合純飲，調飲，奶茶。
努瓦拉 埃利亞茶區 Nuwara Eliya	1200 ～ 1900 公尺 高地茶	玫瑰香與薄荷涼，清新鮮爽果韻， 1 ～ 3 月品質最佳。 有錫蘭紅茶香檳美稱， 適合純飲，調飲。

在製茶工藝上，不同於印度紅茶主流 CTC 工法，錫蘭紅茶以最傳統紅茶技藝自豪，在國際市場上傳達最純正大葉種紅茶工藝風味。

原味紅茶風味超乎想像

紅茶隨處可喝，常常讓人忽視了紅茶原鄉該有的風味特徵；大量一致的商業化口感，也讓人誤解紅茶的多樣化滋味。懂得品嚐杯中滋味，

靜心讓味蕾感受紅茶質地及風味層次，是珍惜一杯紅茶最好的方式。喜歡細緻優雅的，可以選擇高海拔小葉種產區的原葉紅茶，想要感受紅茶大地剽悍的收斂性，低地茶區夏季產製大葉種的碎葉紅茶，肯定是首選。而一杯紅茶原鄉滋味，絕對超乎你我心中既有印象，美麗的風景往往是感受於意料之外的！

國際品牌經典茶款特色

　　全球化風潮，推升了茶品牌的國際市場普及度，藉由獨家拼配工法，各大品牌也建立其知名茶款的高識別度。以下是市面常見的國際品牌：

英國唐寧品牌

早餐茶
English Breakfast Tea

　　清晨破曉，早餐茶喚醒英國人一天作息，佐入牛奶，元氣滿滿。早餐茶當作英式鮮奶茶的敲門磚，幾乎是每一英倫茶品牌的門面。紅色茶罐的唐寧（Twinings）英倫早餐茶，最為普遍，是維多利亞女王御用品牌。女王的喜愛，使得早餐茶百家爭鳴，紛紛跟進，如歷史悠久的RIDGWAYS、FORTNUM & MASON、TAYLORS、WHITTARD 等品牌中，都能見到早餐茶品項，每家的獨家配方，各領風騷。

 伯爵茶
Earl Grey Tea

　　伯爵茶絕對是西式紅茶之王，以佛手柑薰香大葉種紅茶，唐寧拔得頭籌，風靡全球。而佛手柑迷人的異國情調，在法國人精緻料理精神及香水概念的巧思下，創造出精品等級的伯爵之王。出品於 MARIAGE FRÈRES 瑪黑兄弟的法式藍伯爵茶，在伯爵茶的基礎上，加入了藍色的矢車菊花瓣，增添優雅，多了一絲清新的花香，如同生命之茶，可說是在巴黎中最美好的回憶。

　　由 FORTNUM & MASON 出品的招牌茶款，跨朝代獲得多個皇家認證，是一款皇家專屬茶的經典之作！有阿薩姆、錫蘭兩個產地的混和茶，以高品質花香的錫蘭紅茶點綴阿薩姆的甜香，口感極為柔順，麥芽香濃厚，有蜂蜜的風味，搭配餅乾、蛋糕最對味。

法國瑪黑兄弟藍伯爵茶

Twinings 伯爵茶

英國 Fortnum&Mason
皇家特調紅茶

約克夏紅茶
Yorkshire Tea

　　約克夏紅茶，宣稱以英國最好的水——約克夏郡水源——研發設計。由泰勒茶（Taylors）所出品的約克夏紅茶，設定的黃金配方佐鮮奶飲用，這款紅茶的優勢眾所皆知，以作為英國標誌性的商用奶茶基底而聞名。口感濃厚、顏色深邃、紅黑發亮，香氣豐富、飽滿強烈，應用變化性多元，連加鮮奶油都適合。

黃標紅茶
Yellow Label

　　黃標紅茶，是立頓（Lipton）最經典的商用茶包，尤以檸檬紅茶最具代表性。黃標紅茶的月暈效果，讓香港、馬來西亞地區製作商用奶茶時刻，都會特別標示以立頓黃標紅茶為基底茶，以此達到提升茶香氣、確保風味穩定的目的。其主要紅茶原料來自印尼茶區，是立頓品牌的主力商品。最佳的拼配方法，即是以黃標做為基底茶，調入其他風味互補的紅茶，配出店家獨一無二具代表性的奶茶風味，詮釋每家拼配工藝。

Taylors 泰勒茶

立頓黃標茶包

南非國寶博士茶
Rooibos

南非紅寶石之稱的國寶茶，是無咖啡因的草本豆科植物茶，茶湯近似無酸味的紅花芙蓉茶，有著豆香、仙草香與樹脂香。其某種程度上的確是用紅茶製法製作而成，以英文標示為紅寶石（RUBY）、紅色灌木（RED）、紅色的茶（ROUGE），作為純味紅茶的替代品。因為無刺激性，口感又厚實，屬於機能性茶飲市場的大熱門，製作出的奶茶擁有黑糖仙草奶茶的風格。

南非國寶茶

選擇一款自己喜愛的奶茶基底

對茶涉獵越深，越會期望一壺奶茶，能盡顯茶的風味活力，也能喝到茶奶交融後的和諧滋味。要選擇一款適合自己的奶茶基底，廣泛地多喝是首要，不拘泥單一茶款，保持彈性，開拓自己味覺體驗空間，才能逐漸累積基底茶風味資料庫。再來，有條不紊地「聞茶香、觀茶型／色、品茶味、驗茶底」，紮實地喝茶、細細地品茶，才能真正地識茶。最後，系統性地疏理這段識茶及品茶歷程，茶自然會烙印在感官的記憶裡。

以我多年來的經驗，個人習慣以風味色系（風味輪觀點）為核心，簡單地融入質地（Texture）觀點，建立自己專屬的風味資料庫，隨著季節、心情、口感偏好，選擇當下對味的基底茶，優雅地享受奶茶生活！

茶款風味色系的分級與口感

風味色系	茶款	葉形與分級	與牛奶調配後風味口感
●● 青色系	日本抹茶	粉狀	鮮爽濃郁
	日本煎茶	原片條形	鮮甜甘醇
	碧螺春	全葉，一芯二葉	清新輕甜飽滿
	四季春烏龍茶	全葉，一芯二葉	花香清爽輕甜
	文山包種茶	全葉，一芯二葉	花香清爽輕甜
	金萱烏龍茶	全葉，一芯二葉	奶香清爽輕甜
	青心烏龍高山茶	全葉，一芯二葉	花香清新，質感悠長
●● 黃紅 色系	大吉嶺春摘茶（中國種）	FTGFOP1，SFTGFOP1	鮮爽飽滿
	大吉嶺春摘茶（香甜系）	FTGFOP1，SFTGFOP1	清新細緻，綿滑悠長
	凍頂烏龍茶	一芯二葉， 中發酵中烘焙	圓潤甘醇
	正欉鐵觀音烏龍茶	一心二葉， 中發酵中重烘焙	熟果甜酸，甘醇沉穩
●● 紅褐 色系	大吉嶺夏摘茶（中國種）	FTGFOP1，SFTGFOP1	甘甜飽滿收斂
	大吉嶺夏摘茶（香甜系）	FTGFOP1，SFTGFOP1	鮮甜飽滿，綿滑悠長
	大吉嶺秋摘茶	FTGFOP1，SFTGFOP1	飽滿甘醇
	阿薩姆紅茶	TGFOP1，FTGFOP1	圓潤細緻甘醇
	阿薩姆紅茶	BP1，BOP1，FBOP1	厚實甘醇
	阿薩姆 CTC 紅茶	CTC	紮實亮麗平順
	錫蘭烏巴紅茶	BP1, BOP1, FBOP1	剽悍厚實，清爽甘醇
	錫蘭康提紅茶	BP1, BOP1, FBOP1	清新圓潤鮮爽
	錫蘭 Ruhuna 紅茶	BP1, BOP1, FBOP1	飽滿強勁醇厚
	肯亞紅茶	CTC	鮮亮甘醇平順
	臺灣紅玉紅茶	OP1	鮮爽圓潤飽滿
	雲南滇紅	大葉種黃金毫芽	豐富圓潤味足
●● 黑色系	雲南熟普洱茶	原葉	沉穩韻足

認識奶‧品味奶

無論任何一種紅茶，
牛奶才是美味的關鍵！

這 絕對是奶茶癮同好堅定不移的信念！當牛奶與紅茶交融瞬間，他們愛上牛奶賦予的豐富口感及靈魂，迷上了如白雲虹霞渲染杯內的畫面，激盪了內心澎湃的奶茶魂，唯有牛奶，才是這場奶茶饗宴的獨奏曲。

　　或獨奏，或協奏，感性的奶茶靈魂，還得有科學理性伴奏，樂曲才能完美合鳴。先了解牛奶分類及特質，講究成分變化的細節，牛奶與茶才能更和諧融合。

常見的奶製品

　　奶茶都是加鮮奶的嗎？當下食品工業發展精湛，目前廣泛稱呼為奶茶者，其實充分使用了各種奶製品，包括：

① 鮮奶（Fresh Milk, Pure Milk）
② 鮮奶油：脂肪含量高，可以加重奶香與濃厚口感，常見於甜點或調飲的奶蓋製作。

③ **奶精、奶精粉**：主要成分是氫化植物油，嚴格定義是沒有牛奶成分，因使用方便且可以加重奶香滋味，常用於調飲奶茶。

④ **煉乳**：混入砂糖或糖漿的牛奶，經加工濃縮，甜度高、奶香足，但牛奶味薄，在冷飲和熱飲中的表現穩定一致，常見於東南亞奶茶製作。

⑤ **淡奶**：又稱奶水，是牛奶濃縮的產物，可視為沒加糖的煉乳，常用於鴛鴦奶茶、絲襪奶茶製作。部分標示植物性的淡奶可能含有反式脂肪，需特別留意。

⑥ **牛奶糖漿醬**：焦糖漿加上牛奶或鮮奶油焦糖化後的糖漿，有高溫加熱後的烘焙甜香，甜膩但風味特殊。

⑦ **植物奶**：包括豆漿、堅果奶等，帶有植物本身的香氣，味道偏淡，現也常會做為奶泡或奶蓋使用。比起動物性鮮奶，生產過程的碳排放少，是綠色消費或對環境更友善的選項。

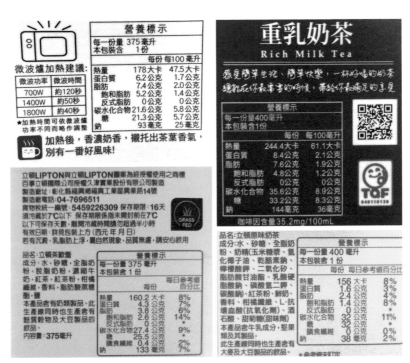

↑ 市售利樂包奶茶飲品成分及熱量標示。

所以，在消費市面上的奶茶飲品前，可多留意產品背後的成分及熱量標示，成分越天然，就會越貼近純淨滋味。樂利包裝的鮮奶茶消費趨勢，即是反映大眾健康品飲的需求。

鮮奶的殺菌方式

奶茶的靈魂——鮮奶，有著豐富氨基酸及維生素，容易受到溫度影響而破壞其營養價值及風味質感，因此了解鮮奶的殺菌方式，是掌握風味特質的竅門。常見的鮮奶殺菌方式，可分為：

● 低溫長時間殺菌法 (LTLT，Low Temperature Long Time)

殺菌溫度控制於 62℃～ 65℃，保持 30 分鐘，能保有較多數的維生素、乳清蛋白。這類殺菌方法較不經濟，在獨立牧場出產的鮮奶中較為常見，溫度低對乳清蛋白機能性及維生素影響較少，留下的生菌也比起其他殺菌法要多，口感貼近原始鮮奶風味，但後續冷藏需確保全程在 7℃以下，且保存期限大約只有 7 天。

● 標準高溫短時間殺菌法 (HTST，High Temperature Short Time)

殺菌溫度控制在 72℃～ 75℃，保持 15 秒，是歐美等國鮮奶主要的殺菌方式。這種殺菌方法的優點是能保留較多乳清蛋白，但殺菌後仍會殘留少數生菌，因此也需全程在 7℃以下冷藏。業者為了確保鮮乳安全，除了採用 HTST 殺菌法外，還會使用膜過濾設備濾掉生菌，降低生菌數，保存期間約為 12 天。

營養標示		
每一份量338毫升 本包裝含1份		
	每份	每100毫升
熱量	220大卡	65 大卡
蛋白質	10.1公克	3.0公克
脂肪	12.5公克	3.7公克
飽和脂肪	8.1公克	2.4公克
反式脂肪	0公克	0公克
碳水化合物	16.9公克	5.0公克
糖	16.9公克	5.0公克
鈉	152毫克	45毫克
鈣	338毫克	100毫克

品名：林鳳營高品質鮮乳
內容量：338毫升 脂肪別：全脂鮮乳
品質符合CNS3056鮮乳之規定
超高溫瞬間殺菌處理(130℃±2℃；2至5秒)
成份：非脂肪乳固形物8.25%以上
　　　乳脂肪3.0%以上，未滿3.8%
原料：100%生乳(符合CNS3055生乳之規定)
保存條件：需要冷藏7℃以下
保存期限：13天(冷藏未開封)
離開冷藏請勿超過半小時

↑ 鮮奶外包裝，殺菌法及乳脂含量標示。

• 寬鬆高溫短時間殺菌法（HHST，Higher-Heat Shorter Time）

同樣使用 HTST 殺菌設備。殺菌溫度拉高至 88℃～ 100℃，時間從 1 秒至 0.01 秒不等，以降低生菌數、確保鮮奶在運輸和販賣過程中的安全。保存期間約為 12 天。

• 超高溫短時間殺菌法（UHT，Ultra High Temperature）

殺菌溫度提高到 125℃～ 135℃，時間最多 2 至 3 秒，幾乎可將 99.9% 的生菌殺死，確保鮮乳在運輸及販售過程中的安全。鮮奶在未開封且冷藏的狀態下，依充填條件，保存期間可達 15 天到 60 天，為臺灣市面上最常見的鮮奶殺菌方式。

另外，UHT 殺菌的鮮乳再透過無菌充填，可延長保存期限；而進口的保久乳也是採取 UHT 殺菌法，殺菌時間會再久一點，且需在無菌環境下進行填充及包裝，確保近乎無菌，方可在室溫下保存半年以上。

↑ 以大葉種紅茶及全脂鮮奶製作出的紅茶拿鐵，口感飽滿。

在多年實驗創作奶茶的經驗中，喜歡細緻且清爽茶味的奶茶口感（包括冷飲），可以選擇低溫長時間殺菌鮮奶；標準及寬鬆高溫殺菌的鮮奶，運用廣泛，各式冷熱奶茶皆適合製作；超高溫短時間殺菌鮮奶，適合調配冷飲；而乳脂含量高的，則可以選擇與濃厚茶味的基底茶搭配。

市售鮮奶殺菌方式均會標示於外包裝上，初步提供鮮奶的質地資訊。而另一影響鮮奶口感的因素，即是乳脂含量（每 100cc 鮮乳，全脂有 3% ～ 4% 的脂肪、低脂有 1% ～ 2% 的脂肪、脫脂只有 0.5% 的脂肪），乳脂含量越低，熱量越少。而全脂鮮奶中含有維生素 A、D、K，是人體補充脂溶性維生素很好的來源。

在調作鮮奶茶及紅茶拿鐵上，用全脂鮮奶，可享受到濃純香的豐富口感。脂肪量越高，口感越渾厚，如日本北海道鮮乳即以高乳脂含量的濃重口感著稱。過程中，多注意溫度或工序所產生的油水分離或熱負荷問題，可讓一杯鮮奶茶喝得更健康、更美味（請參見第三章）。

單一乳源鮮奶漸成風潮

一方風土，養一方鮮乳。近年的單品風潮，也席捲酪農業，獨立牧場逐漸興起。其標榜單一乳源、可以溯源、原味不調和，風味品質上充分反映了每家牧場養護條件與飼養管理。窮究鮮奶的樂趣，實不亞於原鄉莊園茶的風土滋味。精選茶奶，再與甜、水合鳴，更可體現奶茶的純粹與美好！

黑糖粒

黑糖粉

白冰糖

白砂糖

認識甜・品味甜

濃郁的奶茶，有了糖的加入，
風味更顯突出，品飲愉悅加倍。

二砂糖

嗜甜如命！自古至今，甜所帶來的愉悅感受，讓人甜
蜜成癮；糖所推進的歷史演變，重塑了帝國樣貌。
日常生活中由甜茶、甜點、甜酒、甜湯築成的幸福甜蜜包
圍網，早已圈住大眾的生活及飲食文化。濃郁的奶茶，有
了糖的加入，更能顯其風味，使品飲愉悅加倍！

　　而在食品工業產品充斥下，人工甜味早已讓我們忘了
自然甜在味蕾上的感受，在一杯講究純淨風味的奶茶裡，
我始終喜歡以天然的甜，如蜂蜜、粗製黑糖、甘蔗汁等來
佐味，不斷嘗試與大小葉種紅茶、獨立牧場鮮奶搭配，享
受自我創作的樂趣。

醣與糖的差別

　　首先，要了解糖與醣的差別。營養成分表所標示的碳
水化合物（Carbohydrate），包括了澱粉、糖、纖維等，
泛稱「醣類」。依其分子數目，可分為：

- 單糖（葡萄糖、果糖）
- 雙糖（蔗糖、乳糖、麥芽糖）
- 寡糖（木寡糖）
- 多糖（澱粉、肝糖、纖維）

醣類物質普遍存在於自然界食物中，如水果及穀類，透過食材的食用，醣類成分進入身體再自然分解及吸收。

而糖呢，一般我們所談的為生活中的食用糖，包括了白糖、砂糖、黑糖等，入口甜味明顯，可修飾紅茶的收斂澀感，讓口感更加圓潤。臺灣的食用糖，大部分從甘蔗中提煉而出，再依不同加工精緻程度來區分，常見的家用糖，包括：

• 黑糖、紅砂糖

濃縮後的「甘蔗汁」經過激晶，再加入比例不同的糖蜜，就是特殊風味的「黑糖」和「紅糖」了，由於精緻程度較低，所含蔗糖純度也較低，甜度不及精緻糖，含有較多的鈣、鉀、鎂、鐵等，營養價值較高。口感豐富厚實，蔗糖甜味在口腔中存在感強烈。

• 二砂糖

二砂糖是蔗糖經過分蜜後的「結晶體」，又稱為分蜜糖。營養價值略低於黑糖。因為具有甘蔗的甜香，適合製作甜點使用，也被普遍使用於臺灣手搖茶飲。

• 和三盆糖

提煉出來的糖，甜度僅有一般砂糖的 60%。質地細緻柔軟，色澤清雅，口感綿順細緻、如雪般化開。

• 白砂糖

過度精製的糖，蔗糖純度高，口感是很純粹的甜，且熱量高。甜味集中，偏扁、偏沉，尾韻帶酸，喉頭易有膩感。

• 白冰糖、黃冰糖

冰糖為白砂糖結晶的再製品，經溶解、去雜質、熬製、結晶後而成，屬精製糖。其中，白冰糖中添加二氧化硫漂白；黃冰糖則未經過嚴格脫色加工處理，為較原始的冰糖，甘蔗原有成分保留較多，營養比白冰糖

↑ 甘蔗汁、蜂蜜、粗製黑糖等，都是調作奶茶的天然甜味素材。

豐富。甜度上，白冰糖高於黃冰糖，口感清甜透亮，而黃冰糖則比白砂糖厚度多些，帶微微蔗香。

從外觀上，顏色越透亮，純度及甜度越高；結晶越大，質地越粗糙；顏色越深，香氣及口味會越重。

• 果糖

天然果糖存在於水果及蜂蜜中，人體容易吸收。而由基因改造玉米所生產的「高果糖玉米糖漿」，則為食品加工糖，目前大量使用於手搖茶飲或甜點上；若用於奶茶，甜度雖高，熱量也高，口感容易單調，風味扁平，常常攝取容易導致肥胖及危害健康。

• 蜂蜜

蜂蜜含糖量 70 ～ 80%，是蜜蜂採集自大自然的花草植物所製得，成分主要為單糖，還包含微量維生素、礦物質、胺基酸與酵素，人體易吸收，也兼具保健效果。臺灣常見的天然蜂蜜包括了龍眼蜜、玉荷包荔枝蜜、百花蜜等。在香氣、口感質地、沖泡運用上各有其特色：

① 龍眼蜜：香氣濃郁集中、口感甜醇飽滿，甜度高。紅褐色系的奶茶，喜歡甜度集中的，龍眼蜜會是首選。
② 玉荷包荔枝蜜：具有奔放馥郁的花蜜香，口感細緻綿長、細膩奔放，非常適合與各種色系基底茶所調製的奶茶搭配。加入些許玉荷包荔枝蜜攪拌，茶韻悠長度與牛奶濃稠感，生動融合。
③ 百花蜜：香氣幽雅，口感甜酸均勻、層次變化多。想感受些甜酸蜜的層次變化，百花蜜更是一絕！

不同的食用糖，甜感純度有高低之分，口感有圓潤甜膩之別：	
食用糖	**甜感純度與口感**
和三盆糖及冰糖	與青色系、黃紅色系的基底茶調味上，風味融合度好（回憶起春天大吉嶺尋茶旅途上，多位莊園主人以冰糖佐風味清雅的春摘茶，正是此例）。
黑糖及紅砂糖	集中厚實，適合與紅褐色系茶款搭配。無論在紅茶拿鐵或鍋煮奶茶的口感上，都更能凸顯茶、奶、糖的緊密融合。

人工甜與天然甜

　　食品工業下的人工甜味集中扁平，缺乏層次及風味轉換；天然的甜，則富含生命力。多層次的轉換本質，能緩和不舒服的苦澀，平衡酸鹹的死膩，適當地與食材對味搭配，將會是絕佳的風味組合。如蜂蜜檸檬紅茶，就是甜酸蜜平衡搭配的清爽冰茶。

　　「韻」，說明了活力及層次變化。更多甜韻的感受，可從天然的花果蜂蜜等去體驗。有興趣者可多開發專屬的甜韻風味資料庫，避免被過多的人工食品鈍化了自己的味覺、嗅覺，痲痹了上天賦予的感官知覺。

↑ 濃郁口感的龍眼蜜、奔放風味的玉荷包蜂蜜、甜酸蜜變化的百花蜜（由左至右）。

—— 2-4 ——

認識水‧品味水

水為茶之母，烹茶必先鑒水，
沖茶如此，調製奶茶亦是！

水 似無色無味，但作為風味的載體，萃取了茶，融合了奶，溶解了糖，激發了風味生命力。國際上更有「品水學」，探究水的滋味、變化及應用。

　　水的探究，知古而論今，水質上要求「清、輕、甘、冽、活」（純淨、軟水、甘甜、冰鮮、流動）。取水處，「用山水上，江水中，井水下」（山泉水最好，江水次之，井水最差），山泉水，選取乳泉、石池漫流的水（涓涓泉水，流動不急）；江河水，遠離人群處取水；井水，有多人汲水的井中取水。

TDS（Total Dissolved Solids）

古人評水觀點，沿用至今，依然受用，而現代發展出的科學化計量方式，理解水質，更顯紮實。其中，TDS 是水質檢測最常用的觀念。TDS 又稱溶解性固體總量，測量單位為毫克／升（mg ／ L）或 ppm（parts per million），說明一公升的水中溶有多少毫克溶解性固體含量，包括無機物和有機物兩者的含量。TDS 值越高，表示水中含有的雜質越多。

再從 TDS 衍生出來的，即軟水、硬水的定義。根據世界衛生組織的標準，低於 60ppm 為軟水，高於 120ppm 則為硬水。實務上，低於 50ppm 的水均被稱為軟水，礦物質含量低，水感溫順，更詳細分級則依各地訂定的標準而定。適合泡茶的水 TDS 約落在 10 ～ 130 mg ／ L（參考值）。TDS 測水質時，以 25℃時數值為基準，若為高溫的水體，因電解水會解離出大量氫氧根離子，並不能真實反映水質；使用不同器皿加熱後的水，電解質的析出也會有所影響。因此，參考 TDS，並不足以了解水質，還需了解水的酸鹼值與礦物質風味，才會有更客觀的基礎。

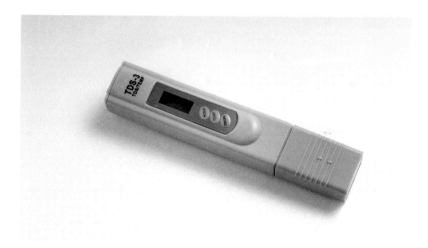

↑ TDS 水質檢測筆

礦物質（軟硬水之分）

水中常見的礦物質，包括鈉（Sodium，Na^+，鹹味）、鈣（Calcium，Ca^{2+}，澀感）、鎂（Magnesium，Mg^{2+}，苦）、鐵（Iron，Fe，金屬味）等金屬離子。當鈣、鎂、鐵等離子含量高的硬水，與茶湯中的多酚物質發生氧化或絡合時，對於茶湯顏色及口感，會產生沉澱及苦澀等影響。而略微的礦物質，如鐵、鋁，則有助於提升茶湯明亮度及品質。

酸鹼值

水的酸鹼值（pH），氫離子濃度指數（均以25℃的條件下為基準），「pH」中的「H」代表氫離子（H+），當 pH 小於 7，酸性；pH 為 7，中性；pH 大於 7，鹼性。適合泡茶的水，以弱酸性的軟水為佳。

瞭解軟硬水及酸鹼值之後，國際上對於品水分類標準，有著更清楚定義：

• 礦泉水（Natural Mineral Water）

取自地下水源，不透水層、無任何汙染，岩層下的水，可能是自然湧出、人工抽取獲得。特色是不同區域有各自的礦物質含量及微量元素，而不同取水點的硬度及礦物質含量必須長期穩定，且水溫也接近一致。在後段填充裝瓶成礦泉水上，不得蓄水，必須直接瓶裝，不得經過任何殺菌處理，只有二氧化碳是唯一可以添加的氣體。

• 山泉水（Spring Water）

定義上，源頭來自降雨，在透過土壤與沉積岩的大自然過濾、淨化後的水稱之。會在雪水、河川、湖泊等地取得，與礦泉水相同的是不得蓄水，必須直接瓶裝，不得經其他處理。但對比於礦泉水內的物質，山泉水就比較不穩定，會受到氣候、天氣影響，使水含物質有所差異，例如豪大雨、颱風天時，水就會比較汙濁。

• 純水（Pure Water&Purified Water）

純水是無色透明，最常透過蒸餾法及其他加工法作成，液體裡沒有任何的雜質，也不能導電。而淨化過的純水，是經蓄水沉澱、過濾、消毒、逆滲透、電解等工序所製造出的水，也就是生活中一般見到的瓶裝水、天然水。

品水

國際上有品水師的職業，如侍酒師或侍茶師般憑著專業味覺，協助餐廳設計水單，進行餐點與飲料的搭配。若非經專業訓練，是無法品出水的千姿百態的，但我們仍可簡單地掌握原則步驟，慢慢喝水，細細品水：

Step ① 注意喝水時的水溫

若是熱水，讓品飲溫度落在 45℃（「最適合感受甜度」的水溫），若是冰水，15℃最完美（國際品水標準溫度）。講究些，品熱水時可以考慮採用不同材質的壺（陶壺、礦壺、鐵壺、銀壺、金壺）等來改變水質；品冰水時，採用高腳玻璃杯來品測。

Step ② 看水與聞水

將水倒入透明杯或高腳杯中，透過燈光觀看色澤及有無雜質。接下來，將杯子靠近鼻子，緩緩吸一口氣，鼻前嗅覺，聞聞是否有異味。

Step ③ 小口品水，大口喝水，感受質地與滋味

純水漱口後，先喝一小口，將水含到口腔前緣，藉由舌頭，慢慢讓水潤濕舌頭上味覺，滑至喉頭，緩緩呼吸一口氣，再嚥下水。呼吸時，利用鼻後嗅覺，感受水的氣味，同時，細細體驗水在口腔滑動過程的質地及味道，如水的鮮活度、柔順度、甘甜度、乾澀度等，是否有雜質或

礦物質味道。小口品水後，再大口喝水，也是一樣讓水停留在口中數秒，接著順著自己的呼吸節奏，分三至四小口，緩緩嚥下水，重新檢驗質地及滋味。

選水

奶茶基底茶水，避免用純水，以軟水帶點礦物質尤佳；要香氣滋味輕揚柔軟細緻，可用銀壺燒水，再與茶、奶搭配；要風味甘醇厚實沉穩，則可選用礦物質略多的水。日常生活中，家裡的逆滲透水即很適合沖茶與製作奶茶。而要避免的，是純水、礦物質含量高的礦泉水、鹼性水及加味水。

↑ 逆滲透水即很適合沖茶與製作奶茶，可用銀壺燒水，再與茶奶搭配。

奶茶風味學

CHAPTER

3

奶茶之道

生活爲趣・風味爲用・科學爲體
牛奶是奶茶美味的關鍵，若是深諳奶茶的風味結構，
了解喜愛，活用原料與工具，你我就會是美味核心。

↑ 基底茶是構建奶茶主體風味的核心

—— 3-1 ——

製作美味奶茶的
簡單訣竅

喝一杯奶茶，愜意快活！
但沖一壺奶茶，或煮一鍋奶茶呢？
心中或許有千千結了！

究竟茶水是否有黃金比例？
茶奶之間又該如何取得平衡？
奶茶入口後，能否有共鳴？
起心動念間為自己沖（煮）的奶茶，
是否真有其學問及樂趣？

生活為趣

杯中風景既是心情映照，那就先挑款自己喜愛的基底茶，或以基底茶做變化來發揮吧。

風味為用

要厚實風味，選擇大葉種紅茶，搭配全脂牛奶，鍋煮為之；要清爽風味，以臺灣高山茶調配大吉嶺春摘茶，沖泡而行，再倒入低溫殺菌牛奶，享受細緻柔甜。

科學為體

　　非刻意講究技巧，或只注重數字，而是回歸茶葉及食材的風味本質及製作原理，彈性運用工具，均衡度量，過程中放大感官，細細體驗風味演變融合的奧妙。

　　當然，一杯有內涵的奶茶，其製作工序仍得掌握相關要領。Practice makes perfect！透過實作，才能擁有每個人專屬的奶茶風味譜系及黃金比例。

風味鮮明的基底茶

　　無論是鍋煮或沖泡式鮮奶茶，基底茶除了香甜韻鮮明外，茶體得更濃郁及厚實，才能與鮮奶調和。茶葉與水量比，可先試 1：50（球狀）／ 1：75（條狀或 CTC），實際與牛奶搭配後，視自己偏好，再修正茶水比例。而基底茶風味結構要能完整呈現，萃茶機或義式咖啡機效果有限，不建議使用。

適當的茶奶比例

　　一壺滋味平衡的鮮奶茶，（全脂）牛奶量約為茶湯量 20 ～ 25%，（鮮奶：濃茶＝ 1：3 ～ 1：4）；而厚奶茶的愛好者，鮮奶與茶湯量可調整為 1：2，甚至為 1：1（此時鮮奶躍升為風味主角）。在茶奶比例上，過與不及，皆有失之，口感上的和諧，最是得宜。

糖的選擇與用量

　　越是精製的糖，如白砂糖，甜度高、韻不足，若要與奶茶攪拌，用量約是奶茶的 2%（500ml 奶茶量，10g 白砂糖）。越是粗製的糖，如黑糖，調入奶茶後，風味圓潤感與層次延展佳，用量可為奶茶量的 2 ～ 3%（500ml 奶茶量，10 ～ 15g 黑糖）。可採循序漸進方式加糖攪拌，逐步補強甜韻後品飲。

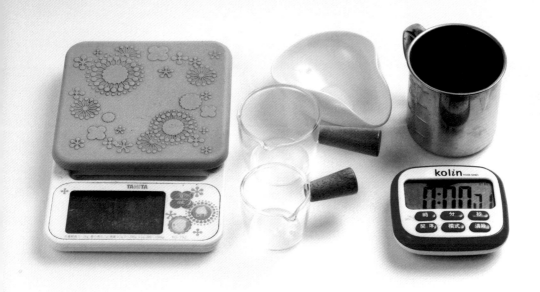

↑ 善用度量工具，可掌握基底茶、鮮奶、糖的平衡比例。

　　若是淋入蜂蜜，建議蜂蜜用量約為奶茶量的 3 ～ 4%（500ml 奶茶量，15 ～ 20g 蜂蜜），而蜂蜜遇熱會破壞其營養成分及質地，建議茶湯降溫至 60℃以下，再加入蜂蜜攪拌。

　　冰奶茶調飲上，甘蔗汁是最天然的甜味，用量約為奶茶量的 25%（400ml 奶茶量，100ml 純甘蔗汁），再加入些許冰塊，沁甜感更佳。而臺灣輕發酵烏龍奶茶與甘蔗汁最為對味！

　　了解要領，進一步掌握美味奶茶的製作訣竅，實踐永遠是最好方法。

Make Milk Tea Your Own！

↑ 風味質地為本，製作工序為輔，一杯奶茶也是自我的呈現！

—— 3-2 ——

調製美味奶茶的方式

沖泡式奶茶，優雅自得；
鍋煮式奶茶，厚實帶勁；
拿鐵式奶茶，綿綿滿足；
調飲式奶茶，風情萬種。

奶茶大地的千姿萬韻，源於多樣性的地方飲食文化，在調製奶茶的靈感上，也深受食材原料及料理工法影響，飲食可說是構建奶茶世界的一切基礎，啟發了奶茶品飲風格及製作工序不斷地演變交融，孕育出開闊包容的底氣，激盪出多樣形式的奶茶流派。

雖說是奶茶流派，也只是透過簡單的分類，自行劃分，讓製作工序更脈絡分明的勾勒出層層風味。常見的鮮奶茶製作型態，可分為沖泡式、鍋煮式、拿鐵式、調飲式等，無論是何種形態的製作，依著自己當下心境，掌握風味質地為本，製作工序為輔，奶茶的沖泡也是自我的呈現。

簡單易做的
沖泡式奶茶

沖泡式鮮奶茶存在於西式飲茶生活中已久，先沖泡好基底濃茶，再與鮮奶及糖調配，作法平易近人，喝法優雅迷人。

Milk in first or after，都可嘗試，由自己偏好來決定茶奶比例。喜歡奶味重些，全脂牛奶可多倒些（但不宜蓋掉茶味）；茶味想要鮮明些，茶湯佔比可到四分之三。有一點要特別注意，牛奶置入 75℃ 茶湯中，容易乳脂、水分離變質。加入適當的糖攪拌，可以讓奶茶口感更圓潤集中。而基底茶若是能沖泡得越好，奶茶口感層次會更豐富。

沖泡式奶茶製作工序

① 熱水溫壺。

② 沖茶注水。

③ 濾網過濾茶葉。

④ 注茶入杯。

⑤ 倒入鮮奶，攪拌。

⑥ 加糖攪拌。

器皿的選擇

沖泡茶壺		喝茶器皿

 ＋

西式上釉白瓷圓壺最佳　　　　紅茶杯　　or　　馬克杯
400 ～ 500ml（兩個）　　　　（100 ～ 150ml）　（250 ～ 300ml）

茶款與沖茶

高山烏龍茶	大吉嶺夏秋摘茶	大葉種紅茶	阿薩姆 CTC 烏巴 BOP1
球狀	原葉	原葉	
茶葉／水量			
8g 茶葉 400ml 熱水	5 ～ 6g 茶葉 400ml 熱水	5 ～ 6g 茶葉 400ml 熱水	6g 茶葉 400ml 熱水
沖茶水溫／浸泡時間			
90°C 8 分鐘	95 ～ 98°C 5 分鐘	95 ～ 98°C 5 分鐘	95 ～ 98°C 3 分鐘
工序／注意事項			

1. 熱水溫壺（分量外），倒掉熱水後，置入茶葉鋪平壺底。（可用逆滲透水）
2. 沖茶注水，以大水柱沖茶，茶味濃烈；小水柱則茶味柔和，浸泡時間可拉長。（除基底茶濃郁外，若能表現風味的香甜韻，口感層次會更豐富）
3. 浸泡時間到，濾網過濾茶葉，將茶湯倒入另一容量相等的空壺裡。
4. 先倒入些許茶湯於紅茶杯，感受基底茶的風味質地與厚度，再決定牛奶與糖的分量。

職人精神的
鍋煮式奶茶

勁直爽。常常有初學者在初期練習鍋煮過程中，太講究步驟，忽視茶、奶、糖快速融合的風味變化，茶湯容易扁平無深度或濃澀少層次；以多年的鍋煮經驗發現，不斷調和茶奶糖比例、大小火變換、攪拌頻率及快慢等，就是工序簡易、風味紮實的鍋煮方式，訣竅就是「大火茶、小火奶、關火糖」。

鍋煮奶茶是最有溫度及深度的奶茶之歌，如料理般展現茶師對火候控制、風味香氣、食材特性的掌握，也充分演繹個人風格及修養。

鍋煮奶茶，源於烹煮料理觀念，鍋底之火的調控，適當鍋具的選擇，都會真切展現奶茶濃香、層次及勁道。小火小鍋煮，平衡穩健，大火小鍋煮，濃

茶韻上的不妥協，必須先以大火煮出厚實帶勁的基底茶，轉小火後，倒入牛奶順勢攪拌，讓茶奶風味快速融合，同時降低高溫對於牛奶質地的破壞，最後關火倒糖輕輕攪拌，整體時間約 2～3 分鐘。流出的茶湯濃郁不失層次，飽滿不減細緻。放大感官，享受鍋煮中淋漓展現的香氣滋味，是痛快的沉浸體驗！更是風味流動的深刻體現！

鍋煮式奶茶製作工序

① 挑茶，選鍋，煮水。

② 水將沸騰之際，置茶，大火煮茶（基底茶）。

③ 轉小火，倒入鮮奶，攪拌。

鍋具的選擇

| 單手三層不鏽鋼鍋 or 琺瑯鍋（約 1 公升） | 攪拌棒 | 濾網 |

茶款與沖茶

炭焙烏龍茶	大葉種紅茶	阿薩姆 CTC 烏巴 BOP1
球狀	原葉條形	
茶葉／水量		
10g 茶葉 500ml 熱水	8g 茶葉 400ml 熱水	8g 茶葉 480ml 熱水
奶量／糖量		
120 ～ 150ml 牛奶 8 ～ 10g 糖	120 ～ 150ml 牛奶 8 ～ 10g 糖	120 ～ 150ml 牛奶 10 ～ 12g 糖
鍋煮時間		

[**煮水**] 水即將沸騰之際，倒茶。→ [**大火茶**] 0 ～ 120 秒，大火煮茶，輕攪拌。→
[**小火奶**] 121 ～ 160 秒倒奶小火煮，快攪拌。→ [**關火糖**] 160 ～ 200 秒，關火小攪拌，濾出茶湯。

④ 關火，倒入粗製糖，攪拌。

⑤ 濾出茶湯。（若是佐入蜂蜜，
可等奶茶溫度降至 60℃ 以下）

豐富變化的
調飲式鮮奶茶

調飲式奶茶簡單易做,最常見於全球速食及手搖茶飲品牌,常針對不同區域的客戶偏好,加入更多食材,讓滋味本身充滿話題性。雖說簡單,仍要把握兩原則:沖好基底茶,茶、奶、糖與食材配料的平衡。

而調飲式鮮奶茶中,若將基底茶、牛奶、水果及冰塊等配方,均勻結合,再倒入果汁機(料理機)高速攪拌,如夏季盛產的巨峰葡萄,與台灣高山茶調配,就會是一杯沁甜、濃郁、天然的茶奶昔,也是夏季節令最讓人喜愛的調飲式鮮奶茶。

調飲式奶茶製作工序

① 準備基底茶。

② 基底茶倒入雪克杯。

③ 加入材料。

④ 搖盪。

⑤ 搖盪後倒出。

奶泡綿綿的
拿鐵式奶茶（奶蓋茶）

紅茶拿鐵或奶蓋茶，師承拿鐵咖啡作法，融入甜點奶油風味，近年來廣受歡迎。作法是用咖啡蒸氣機、奶泡機打出鮮奶泡，或是鮮奶油打發後，為茶飲添上綿密口感。

儘管市面上奶蓋茶（海鹽鹹奶油、芝芝起司奶霜、甜奶油奶蓋）千變萬化，但鮮奶泡與純茶一層層交融的天然純粹，仍是最好滋味。

無論是風味清爽的綠茶，或是濃郁口感的紅茶，夏季時淋上冰奶霜，冬天時添入熱奶泡，綿綿細細的口感，令人好滿足！

拿鐵式奶茶製作工序

① 沖泡風味略濃的基底茶，裝杯（馬克杯）。

② 製作奶泡。

③ 奶泡倒入杯中。

④ 可加入肉桂粉、可可粉、蜂蜜或楓糖漿於奶泡上。

—— 3-3 ——

製作美味奶茶的工具

選擇合適的器具，
能更精準沖煮出理想奶茶風味。

① 電子秤	以 0.1g 為測量單位，可用來秤重量相對輕的茶葉，也可用來秤重量相對重的糖或食材。
② 量杯	200ml 量杯，可測量水量與鮮奶量。
③ 攪拌棒	鍋煮式奶茶之用。
④ 西式中圓型茶壺	沖泡式、調飲式與拿鐵式奶茶之用。
⑤ 雪克杯	調飲式奶茶之用。
⑥ 濾網	鍋煮式奶茶過濾之用。
⑦ 鮮奶盅	沖泡式奶茶之用。
⑧ 茶荷	秤茶之用。
⑨ 攪拌匙	沖泡式、拿鐵式奶茶之用。
⑩ 計時器	確保茶葉浸泡及鍋煮時間的準確度。
⑪ 抹茶碗＋茶筅	調飲式、拿鐵式奶茶之用。
⑫ 磨泥器	鍋煮式或調飲式奶茶之用。
⑬ 單手不鏽鋼鍋	鍋煮式奶茶之用。
⑭ 電晶爐	鍋煮式奶茶之用。
⑮ 果汁調理機	調飲式奶茶或茶奶昔之用。
⑯ 電動奶泡器	調飲式奶茶之用。

鍋具之選

鍋型上,可挑單把鍋或尖型鍋嘴,方便濾出茶湯。
材質上,市面常見鍋具,其特性與鍋煮奶茶風味表現,可參考如下:

方便性:★★★★☆
清洗保養:★★★★☆
風味表現:香氣立體鮮明、茶體圓潤紮實

不鏽鋼單手鍋

　　最常見的鍋具,導熱效果好,鍋身輕巧、好清洗,也很好保養。

　　不鏽鋼鍋有單層及三層。單層不鏽鋼鍋,導熱性差不易均勻傳熱,鍋煮過程中,不易掌握。三層不鏽鋼鍋最為理想,導熱效果好,操作也方便。單把不鏽鋼鍋造型大部分以寬口為多,煮基底茶時需加蓋,保留香氣及聚熱。煮出來的奶茶風味立體鮮明,滋味圓潤紮實。

方便性:★★★★☆
清洗保養:★★★☆☆
風味表現:香氣立體鮮明、茶體硬朗厚實

銅製牛奶鍋

　　外層亮眼的銅鍋,吸睛又夢幻,但保養十分費工夫。銅製牛奶鍋的高熱傳導性最佳,但鍋身手把也是銅製,需小心燙傷。因導熱快速,風味質地變化快,若不善控制火侯,容易茶、奶分離或苦澀。

　　鍋煮基底茶時,為避免收斂性過於明顯,破壞奶茶和諧滋味,可略微縮短煮茶時間,或將火力稍微調降;若仍是偏好厚實口感,糖量可多些,修飾收斂性。

方便性：★★★★☆
清洗保養：★★★☆☆
風味表現：香氣醇實飽滿、苦澀味低

鑄鐵鍋

　　鑄鐵鍋導熱迅速均勻，上蓋厚重，密閉性佳，若採用上釉塗層，更可保留鍋煮時的茶湯香氣。

　　鑄鐵鍋適合表現醇厚奶香的風味特色，可用小火煮基底茶，蓋鍋厚重可完整保留茶葉香氣，風味更趨飽滿厚實；倒入牛奶熬煮時，因導熱平均，風味結合更緊密，不易產生茶湯與牛奶分離的口感。切記不可將牛奶煮至滾沸，以免產生梅納反應的腥臭味。鍋身較重，濾出茶湯較為費力，挑選單把鍋為佳。

方便性：★★★★☆
清洗保養：★★★☆☆
風味表現：香氣立體、滋味高揚圓潤

琺瑯鍋

　　琺瑯是金屬表面上以玻璃材料塗層，再進行高溫燒製的加工技術。由於是玻璃材質，不適合與金屬碰撞，因此，鍋煮奶茶時，應選用木製或矽膠製的攪拌棒，才不會刮傷鍋內表層釉料。

　　選用琺瑯鍋煮奶茶，香氣立體，口感圓潤，火量可用中火，才不會瞬間高溫影響鍋煮節奏；但茶湯易產生苦澀。

　　鍋身為玻璃塗層材質，要避免劇烈溫差，煮完清洗時，勿直接冷水清潔，需以溫水沖洗；更不可使用菜瓜布刷，以免破壞釉料。

奶茶風味學

CHAPTER

4

節氣奶茶饗宴

依著節氣，感受天地律動，
自然輕鬆地品味好茶，生活本該如此！

↑ 豐富的基底茶，勾勒出美好節氣奶茶饗宴。

歲月靜好！

依著節氣，感受天地律動，
自然輕鬆地品味好茶，生活本該如此！

尋 茶、獵茶，自己多年來與莊園茶的美好相遇，從單純細究不同產區、品種、氣候及風土條件所造就的風土滋味，到學習著順應自然，依著節氣更迭，選茶、飲茶與品茶，沖一壺對味的茶，或鍋煮一壺奶茶，平衡身心，讓日常生活多分質感。

而質感的實踐，體現於茶的純淨滋味及天然素材的活用。越是愛茶，越會要求在調作茶飲（或鍋煮奶茶）上，盡可能表現本質風味！於是，化繁為簡，以紮實的工序、不花俏的素材，凸顯茶韻及融合後的和諧口感。其實，這也考驗著風味想像與創意實現。

茶，也可以依著節令而分享，來一場節氣奶茶饗宴。工具簡便，製作有序，準備好心情，就開始動手做吧！

此章提供 23 款奶茶饗宴，至於第 24 款，風味永遠是開放的命題，請透過自行創作，做一款屬於自己的節氣奶茶吧！

SPRING　|　立春·雨水　|　FEBRUARY

英式香濃鮮奶茶

英倫風情的香濃鮮奶茶，濃郁的香氣，可綿稠、可柔和的滋味，隨自己喜愛酌增鮮奶與糖（或蜂蜜），優雅而飲，搭配三層下午茶點心，徜徉於西式下午茶的慢活時光中。

材料

茶葉 [早餐時段] 濃郁口感的英式品牌早餐
茶，茶葉 5 ～ 6g
[下午茶時段] 香氣奔放的英式品牌伯
爵茶、三點鐘茶，茶葉 5 ～ 6g

鮮奶 全脂鮮奶適量，置於奶盅

熱水 95℃，400ml

糖 冰糖、黑糖或蜂蜜

作法

1 熱水溫壺（分量外），倒掉熱水後，
置入茶葉鋪平壺底。

2 熱水沖茶注水，距離壺口約 5 公分，
以中大水柱順時針旋轉注水沖茶，浸
泡時間約 4 ～ 5 分鐘（全葉可浸泡 5
分鐘，碎葉約 4 分鐘）。

3 時間到，濾網過濾茶葉，將作法②的
茶湯倒入另一容量相等的空壺裡。

4 倒入約 1/3 杯鮮奶於紅茶杯中，若要
飽足感多些，鮮奶比例可增加，再倒
入作法③的熱紅茶，加糖或蜂蜜攪拌。

立春·雨水

約為國曆二月。一年之始的立春、雨水，雖是萬
象更新之際，氣候仍舊冷冽，而春節的到來，喜
氣洋溢，與親友們同歡共樂，細緻香甜、暖意洋
洋的奶茶，最是應景。

英式香濃鮮奶茶迷人之處，在於自古至今永無休論的「Milk in first or after」。
品飲剎那，拉近了時空距離，想像自己會以哪種觀點，融入此場有趣的論辯。

SPRING | 立春・雨水 | FEBRUARY

大吉嶺麝香夏摘鍋煮奶茶

印度大吉嶺夏摘莊園紅茶，高山小葉種的細膩質地，誘人的麝香葡萄果韻及溫潤蜜甜特質，以鍋煮為之，茶奶交織後，先洋溢出華麗香氣，入口後濃郁中帶著細緻的奶茶，貴氣優雅，最適合融入春節喜氣中。

材料

茶葉 [濃郁飽滿口感] 大吉嶺中國小葉種，
　　　茶葉 6 ～ 7g
　　　[圓潤細緻口感] 大吉嶺香甜系樹種，
　　　茶葉 6 ～ 7g

鮮奶 全脂鮮奶 150 ～ 180ml

熱水 500ml

糖 黑糖 12g

作法

1 三層不鏽鋼鍋，大火煮水。

2 將沸騰之際，倒入茶葉煮茶 2 分鐘。

3 轉小火，倒入鮮奶攪拌 30 秒。

4 關火，倒入黑糖輕攪拌 30 秒。

5 時間到，濾網過濾作法④的茶葉，將茶湯倒入西式茶壺裡。

　　　大吉嶺莊園茶量少，純飲是歌頌香檳紅茶最好的儀式。若為鍋煮奶茶，煮茶過程中所洋溢出的豐富冷霜甜香，也不同於大葉種紅茶的直爽強勁；充滿變化的口感，正似喜馬拉雅山多變的氣候，考驗著煮茶人對於莊園茶敏感茶性的掌握。而最具挑戰之處，莫過於如何在茶湯中真實地反應出莊園茶鮮明的性格。

SPRING	驚蟄・春分	MARCH

正欉鐵觀音鍋煮奶茶

美如觀音韻如火！正欉鐵觀音烏龍茶，溫潤甘醇，茶體集中厚實。退火（註1）後，觀音韻的熟果蜜酸甜，更顯均勻沉穩。煮茶時，當球狀茶葉隨著沸騰熱水於鍋中抒展，弱果甜酸香氣隱隱散發，融入鮮奶，內斂溫潤，藉由黑糖提味，蜜酸甜的味道層次更顯清晰。

材料

茶葉	正欉鐵觀音烏龍茶 10g
鮮奶	全脂鮮奶 150～180ml
熱水	500ml
糖	粗製黑糖 10～12g

註1＿鐵觀音為炭焙茶，初製後的茶乾會殘留烘焙後的火炭味或焦味，經一段時間後，火味會漸漸褪去，稱為「退火」。

作法

1　三層不鏽鋼鍋，大火煮水。

2　將沸騰之際，倒入茶葉煮茶 2 分 30 秒。

3　轉小火，倒入鮮奶攪拌 30 秒。

4　關火，倒入黑糖輕攪拌 30 秒。

5　時間到，濾網過濾作法④的茶葉，將茶湯倒入西式茶壺裡。

驚蟄・春分

驚蟄、春分，北風漸歇，春雨仍不時綿綿飄下。儘管陽光緩緩灑滿了整個大地，但春寒料峭，氣候依舊多變。暖身的鍋煮奶茶及奶泡綿綿的紅茶拿鐵，就像和煦春陽，漸漸帶走濕氣，在萬物萌發時分，由內而外，享受春光帶來甦醒的活力。

　　市面上的鐵觀音奶茶，普遍以重焙火的烏龍茶為基底，少了正欉鐵觀音品種的弱果酸滋味，雖有甘醇韻，卻無層次轉變的活力，風味模糊；若鍋煮過程掌握不佳，充其量僅是茶、奶、糖水的結合。若以退火後的正欉鐵觀音烏龍茶鍋煮，茶湯散發著明顯品種香氣，透過嗅覺，誘發著風味想像。而依著多次鍋煮經驗，黑糖更是讓風味昇華的關鍵！

SPRING | 驚蟄・春分 | MARCH

柴燒黑糖紅茶拿鐵

以單一乳源全脂鮮奶打發奶泡，口感綿甜飽滿；倒入大葉種紅茶茶湯上，撒上柴燒黑糖，風味緩緩交融，滋味暖暖甜甜。消除時而陰冷、時而暖陽的身體不適，心情會更放鬆。

材料

茶葉 ［大葉種紅茶］阿薩姆條形紅茶或錫蘭
條型紅茶，4 ～ 5g
鮮奶 單一牧場全脂鮮奶 150ml
熱水 95℃，250ml
糖 柴燒黑糖 10g

作法

1 熱水溫壺（分量外），倒掉熱水後，置入茶葉鋪平壺底。

2 熱水沖茶注水，距離壺口約 5 公分，以中大水柱順時針旋轉注水沖茶，浸泡時間約 5 分鐘。

3 時間到，濾網過濾作法②的茶葉，將茶湯倒入馬克杯中，加入柴燒黑糖攪拌。

4 打發奶泡，完成後，緩緩倒入作法③的馬克杯中。

阿薩姆條形紅茶具麥芽甜香及圓潤口感，加入奶泡後，口感均衡。錫蘭紅茶茶葉可選 Dimbula 或 Kandy 茶區，花香橙果韻，添上奶泡後，風味更顯立體。而這款紮實剽悍的錫蘭烏巴高地紅茶拿鐵，強勁濃厚不失細緻，適合直爽豪飲！

SPRING | 清明・穀雨 | APRIL

日月潭夏摘紅玉鍋煮奶茶

玫瑰香、薄荷涼，招牌品種風味特徵，在世界紅茶風味譜系中獨樹一格！鍋煮奶茶時，不似阿薩姆品種的直爽厚實，反而呈現清涼柔和、平穩包容的性格，是款高尚優雅的大葉種鍋煮奶茶。春雨霏霏的人間四月天，紅玉鍋煮奶茶的透甜滋味，沒有過重口感負擔，依然飽滿如實。

材料

茶葉　全葉條型夏摘紅玉紅茶 8g
鮮奶　全脂鮮奶 150 ～ 180ml
熱水　500ml
糖　粗製黑糖或黃冰糖 10 ～ 12g

作法

1　三層不鏽鋼鍋，大火煮水。

2　將沸騰之際，倒入茶葉煮茶 2 分鐘。

3　轉小火，倒入鮮奶攪拌 30 秒。

4　關火，倒入黑糖輕攪拌 30 秒。

5　時間到，濾網過濾作法④的茶葉，將茶湯倒入西式茶壺裡。

清明・穀雨

好雨知時節，當春乃發生。乍暖還寒，春天明媚氣息更是奔放，最開心不過的是一期一會的春摘茶產季到來。春雨灑落時，可以鍋煮一壺清新口感日月潭紅玉奶茶；春陽抬頭時，手刷日式抹茶拿鐵，清新舒暢，正式告別沉寂陰冷。

每年 6 ～ 8 月所產製的紅玉紅茶，品種特徵最是明顯，而臺灣不同茶區的紅玉紅茶，風土滋味各自獨特。曾品嚐過坪林茶區秋季所產製紅玉紅茶（年輕樹齡），奔放的薄荷涼味，口感深刻。建議在挑選臺灣紅玉紅茶（紅寶石紅茶）時，多詢問產製資訊，如製作季節、採摘部位、風土條件，也能驗證地方的專業能力。

節氣奶茶饗宴
6

| SPRING | 清明・穀雨 | APRIL |

手刷日式抹茶拿鐵

手刷後的日式抹茶茶湯，深邃脆綠帶著微微氣泡，倒入半滿冰塊的透明玻璃杯中，流瀉下抹茶湯，似綠寶石般飽和純淨，再以單一乳源全脂鮮奶打發奶泡，倒入杯中，淋上些許楓糖或蜂蜜，新鮮舒暢，綿密飽實。

材料

茶葉　有機驗證日本抹茶粉 6g
鮮奶　單一牧場全脂鮮奶 120ml
熱水　60℃，120ml
糖　　楓糖或蜂蜜 15 ～ 18g
其他　冰塊適量

作法

1 抹茶過篩於抹茶碗（直徑約 10 ～ 15 公分）內。

2 注入 40ml 熱水於作法①的碗內，茶筅刷茶，抹茶刷出茶膏狀，再倒入其餘熱水繼續手刷。

3 透明玻璃杯先裝入 1/2 量的冰塊，作法②的抹茶緩緩倒入，加入蜂蜜或楓糖攪拌。

4 打發奶泡，完成後，緩緩倒入作法③的玻璃杯中，最後淋上些許蜂蜜或楓糖提味。

 適當冰塊可形塑抹茶與奶泡的漸層視覺，也可品飲滋味的變化：先是綿密奶泡入口，緊接是奶綠交融，抹茶後韻隨後湧上，飽實滿足。

節氣奶茶饗宴
7

有機四季春烏龍清奶茶（或拿鐵式）

春飲花茶，春風宜人，邁入立夏小滿的節令，有馥郁芬芳的四季春輕發酵烏龍茶，茶引花香，輕盈柔和，佐入低溫殺菌鮮奶（或冰奶霜），滴上數滴黃檸檬汁，畫龍點睛，風味上微妙的變化，超乎想像。

材料

茶葉	有機四季春輕發酵烏龍茶 6g
鮮奶	低溫殺菌鮮奶 100ml
熱水	90°C，300ml
糖	黃冰糖 20g
其他	黃檸檬汁 8～10ml

作法

1 熱水溫壺（分量外），倒掉熱水後，置入茶葉鋪平壺底。

2 熱水沖茶注水，距離壺口約 5 公分，以中水柱順時針旋轉注水沖茶，浸泡時間約 6 分鐘。

3 時間到，濾網濾掉作法②的茶葉，將茶湯倒入另一茶壺後，加入冰糖攪拌，置入冰箱冷藏半小時。

4 茶湯降溫後，加入低溫殺菌鮮奶（或冰奶霜），淋上黃檸檬汁攪拌。

立夏・小滿

夏天開始，日長夜短，萬物始繁茂而未豐滿；小滿時節，早稻結穗，夏熟作物的籽粒灌漿飽滿，而此後更是梅雨季開始。製程簡單的拿鐵式奶茶及調飲式奶茶，以富清新花香的台灣四季春烏龍為基底茶，輕揚奔放；或以大吉嶺中國小葉春摘茶為基底茶，新鮮清爽。無論何種搭配，皆適飲適性。

低溫殺菌全脂鮮奶淋入黃檸檬汁，有著酸奶滋味，佐入四季春烏龍春茶，洋溢著花香。果酸甜霜感及烏龍茶韻更迭，天然無違和，沁甜爽口。而四季春一年多產，可挑選春冬兩季茶葉，質地細緻，花香冶豔；與鮮奶搭配，風味更顯張力。

SUMMER | 立夏·小滿 | MAY

大吉嶺中國小葉種春茶拿鐵

多半是百年樹齡的大吉嶺中國小葉種春摘莊園茶，松針香鮮果韻，茶體健壯，與冰奶霜搭配後既綿實又柔滑的滋味，生津鮮爽，清熱解渴。

材料

茶葉　大吉嶺中國小葉種春摘茶
　　　　（FTGFOP1）4g

鮮奶　單一牧場全脂鮮奶 120ml

熱水　90℃，250ml

糖　　玉荷包蜂蜜 15g

其他　冰塊適量，香草粉適量

作法

1　熱水溫壺（分量外），倒掉熱水後，置入茶葉鋪平壺底。

2　熱水沖茶注水，距離壺口約 5 公分，以中水柱順時針旋轉注水沖茶，浸泡時間約 5 ～ 6 分鐘。

3　馬克杯裝入 2/3 量的冰塊。

4　時間到，濾網過濾作法②的茶葉，將茶湯倒入馬克杯，加入玉荷包蜂蜜攪拌。

5　打發冰奶霜，再倒入作法④的馬克杯中。若要飽足感多些，可增加鮮奶量，最後撒上香草粉提韻。

市面上大吉嶺茶，多半是混堆拼配，無法得知品種、產製季節及等級。若要品味純正大吉嶺莊園茶，除了研習正確莊園茶知識外，更要詢問專業紅茶館，多喝多學習。大吉嶺中國小葉種春摘茶，風味容易識別，適當的熱沖，白花香、松針香及老欉青葡萄果韻，層次立體，無論是加入奶泡或以低溫殺菌鮮奶調飲，融合度均是極佳，可舒緩身體邁入夏季炎熱的浮躁。

節氣奶茶饗宴
9

| SUMMER | 芒種・夏至 | JUNE |

有機大吉嶺蜂蜜冰磚春奶茶

大吉嶺香甜系樹種的春摘茶，有著青麝香葡萄果韻之美，尤以 AV2 品種風味最明顯，香氣馥郁，滋味多元；與單一牧場全脂鮮奶及蜂蜜冰磚調配，雪克杯搖之，沁甜奔放，茶韻層層綻放。

材料

茶葉	有機大吉嶺 AV2 品種春摘莊園茶 6g
鮮奶	單一牧場全脂鮮奶 100ml
熱水	90℃，300ml
糖	玉荷包蜂蜜 15g
其他	蜂蜜冰磚 12 顆

＊蜂蜜冰磚的製作：以 1 比 10 的比例溫水稀釋蜂蜜，倒入冰塊盒，放冰箱冷凍一天即可完成。

作法

1 熱水溫壺（分量外），倒掉熱水後，置入茶葉鋪平壺底。

2 熱水沖茶注水，距離壺口約 5 公分，以小水柱順時針快旋轉注水沖茶，浸泡時間約 6 分鐘。

3 時間到，濾網濾掉作法②的茶葉，將茶湯倒入空壺中，放入冰箱冷藏半小時後，加入蜂蜜攪拌。

4 雪克杯置入 12 顆蜂蜜冰磚，加入作法③的茶湯，倒入全脂鮮奶。蓋上後，快速搖晃 15 下。

5 開蓋，緩緩倒入高腳玻璃杯內。

芒種・夏至

芒種濕熱、夏至悶熱，氣溫快速升高，濕氣持續增加，夏天正式到來！身體上不暢通的濕熱感，容易使人萎靡倦怠，影響食慾。此時來一杯抒心通氣，純淨清香、清甜的調飲式奶茶，不僅可以解悶醒腦，亦可排解暑濕。

 搖晃後，從雪克杯倒出的春奶茶，綿密的奶泡滿布茶奶蜜甜香。當殘留的蜂蜜冰磚於杯內溶解，茶韻的悠長度與沁甜感持續綻放。

| SUMMER | 芒種・夏至 | JUNE |

有機高山烏龍蜂蜜清奶茶
（調飲式或拿鐵式）

臺灣輕發酵高山烏龍茶，青心烏龍樹種製作，甜潤優雅；與單一牧場全脂鮮奶及玉荷包蜂蜜調配，香氣清幽，茶韻亮眼悠長，茶奶滋味清冽綿滑。

材料

茶葉　有機青心烏龍輕發酵高山烏龍茶 6g

鮮奶　單一牧場全脂鮮奶 100ml

熱水　90℃，300ml

糖　玉荷包蜂蜜 15 ～ 18g

其他　冰塊適量

作法

1　熱水溫壺（分量外），倒掉熱水後，置入茶葉鋪平壺底。

2　熱水沖茶注水，距離壺口約 5 公分，以中水柱順時針旋轉注水沖茶，浸泡時間約 6 ～ 7 分鐘。

3　在玻璃高腳杯（約 600ml）置入 1/2 冰塊的量。

4　時間到，濾網濾掉作法②的茶葉，將茶湯倒入③的玻璃杯，佐入蜂蜜攪拌。

5　全脂鮮奶倒入作法④攪拌，或倒入打發奶泡。

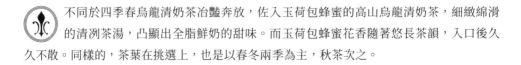

不同於四季春烏龍清奶茶冶豔奔放，佐入玉荷包蜂蜜的高山烏龍清奶茶，細緻綿滑的清冽茶湯，凸顯出全脂鮮奶的甜味。而玉荷包蜂蜜花香隨著悠長茶韻，入口後久久不散。同樣的，茶葉在挑選上，也是以春冬兩季為主，秋茶次之。

SUMMER | 小暑・大暑 | JULY

仲夏紅茶奶昔

夏天是紅茶最好的產季，茶體結構完整；若產地端製作得宜，澀轉甘甜的美麗收斂性，是一杯好紅茶應有的呈現！發揮茶葉拼配上的想像力，以圓潤阿薩姆 CTC 紅茶、橙果韻的 Kandy 紅茶及日月潭紅玉紅茶搭配，讓風味面向完整，層次接軌。透過調理機或果汁機製作奶昔，口感飽滿，冰冰綿綿。

材料

茶葉 阿薩姆 CTC 紅茶 3g、Kandy 紅茶 1g、
日月潭紅玉紅茶 1g
鮮奶 單一牧場全脂鮮奶 100 ～ 120 ml
熱水 95℃，250ml
糖 楓糖漿 20ml
其他 冰塊 150g

作法

1 熱水溫壺（分量外），倒掉熱水後，置入茶葉鋪平壺底。

2 熱水沖茶注水，距離壺口約 3 公分，以大水柱順時針注水沖茶，浸泡時間約 3 分鐘。

3 時間到，濾網濾掉作法②的茶葉，將茶湯倒入空壺中，放入冰箱冷藏半小時後，再加入楓糖漿攪拌。

4 果汁機置入冰塊，倒入作法③的茶湯及全脂鮮奶，蓋上蓋子後按鍵。

5 開蓋，將奶昔緩緩倒入高腳玻璃杯內。

小暑・大暑

小暑到大暑期間，溫度全年最高、最悶熱。其實茶熱熱的喝，去濕抗菌，是對身體最好的調整和養護。若要冷飲奶茶，建議以具溫潤特性的茶葉為基底茶，再結合全脂鮮奶與當季水果，舒緩夏日炎熱。

 紅茶奶昔製作完，受炎熱氣候影響，容易變質，30 分鐘內須飲用完。品飲過程，若有冰奶分離，屬自然現象，多攪拌即可。

節氣奶茶饗宴
12

巨峰葡萄高山烏龍茶奶昔

夏季結實纍纍的巨峰葡萄，粒粒完整，甜度集中。佐入臺灣有機高山烏龍茶（青心烏龍茶種）及全脂鮮奶，以奶昔做法調製，滋味平衡，鮮甜綿細。

材料

茶葉	有機高山烏龍茶葉 6g
鮮奶	單一牧場全脂鮮奶 100 ml
熱水	90℃，200ml
糖	蜂蜜或楓糖漿 20ml
其他	冰凍後的巨峰葡萄 100g、 冰塊 100g

作法

1 熱水溫壺（分量外），倒掉熱水後，置入茶葉鋪平壺底。

2 熱水沖茶注水，距離壺口約 3 公分，以大水柱順時針注水沖茶，浸泡時間約 6 分鐘。

3 時間到，濾網濾掉作法②的茶葉，將茶湯倒入空壺中，放入冰箱冷藏半小時後，再加入楓糖漿或蜂蜜攪拌。

4 果汁機置入冷凍後的巨峰葡萄與冰塊，倒入作法③的茶湯及全脂鮮奶，蓋上蓋子後攪打。

5 開蓋，將奶昔緩緩倒入高腳玻璃杯內。

奶昔製作完，受炎熱氣候影響，容易變質，30 分鐘內須飲用完。喜歡葡萄滋味多些，可酌量增加巨峰葡萄。而葡萄本身已有甜度，也可選擇不調入蜂蜜或楓糖漿，純粹感受水果的甜度。

節氣奶茶饗宴
13

青森蘋果紅茶冰拿鐵

阿薩姆 CTC 紅茶、Dimbula 高地紅茶是更溫潤細緻且橙果韻味鮮明的基底茶，可襯托出青森蘋果汁細甜微酸；再以蜂蜜冰磚冰鎮，最後冰奶霜緩緩流入，各種風味巧妙銜接，柔甜柔酸，去躁消暑。

材料

茶葉 阿薩姆 CTC 紅茶 3g、Dimbula 高地紅茶 2g

鮮奶 單一乳源全脂鮮乳 120 ml

熱水 95℃，250ml

其他 蜂蜜冰磚 6 顆、青森蘋果汁 120ml

作法

1 熱水溫壺（分量外），倒掉熱水後，置入茶葉鋪平壺底。

2 熱水沖茶注水，距離壺口約 3 公分，以大水柱順時針注水沖茶，浸泡時間約 3 分鐘。

3 時間到，濾網濾掉作法②的茶葉，將茶湯倒入空壺中，放冰箱冷藏半小時後，倒入高腳玻璃杯內。

4 倒入青森蘋果汁於作法③的高腳玻璃杯，攪拌，再放入蜂蜜冰磚冰鎮。

5 打發冰奶霜，緩緩倒入作法④中。

立秋·處暑

仲夏繁華過境，接著就是涼爽秋天的到來。將涼猶悶，秋老虎猖狂；可將溫潤冰紅茶，加入蘋果汁，享受柔和舒暢，平靜滿足；或是以抹茶化解悶躁，讓身心舒爽。

 青森蘋果汁已有一定甜度，初次品嚐蘋果紅茶拿鐵，若想要再甜一些，只要加入幾公克蜂蜜，甜度感受馬上提升，風味銜接也會更完整。

| AUTUMN | 立秋・處暑 | AUGUST |

漂浮手刷日式抹茶

手刷抹茶，最迷人之處是抹茶湯與空氣接觸後，綻放的新鮮翠綠茶香；加入鮮奶，即是「奶綠」。抹茶的濃郁與鮮奶的綿綢，恰到好處，放上一球香草冰淇淋，漂浮於奶綠上，隨著冰淇淋融化，香草、抹茶、鮮奶三種風味交織，讓人滿足。

材料

茶葉	有機驗證日本抹茶粉 6g
鮮奶	單一牧場全脂鮮奶 120ml
熱水	60℃，120ml
糖	楓糖或蜂蜜 15g
其他	冰塊適量、香草冰淇淋一球

作法

1 抹茶粉過篩於抹茶碗（直徑約 10 ～ 15 公分）內。

2 注入 40ml 熱水於碗內，茶筅刷茶，抹茶刷出茶膏狀，再倒入其餘熱水及蜂蜜，繼續手刷。

3 透明玻璃杯裝入 2/3 量的冰塊，倒入鮮奶，再緩緩倒入作法②的抹茶湯（不攪拌）。

4 在作法③放上一球冰淇淋，撒上些微抹茶粉。

 適當的冰塊可形塑鮮奶、抹茶、冰淇淋的漸層視覺。品飲由冰淇淋漸漸融化後，層層交織出的風味即景。

節氣奶茶饗宴
15

AUTUMN | 白露・秋分 | SEPTEMBER

大吉嶺夏摘謎境紅茶拿鐵

印度大吉嶺夏摘莊園紅茶，以香甜系樹種的霜甜果韻與細膩風情，風靡歐日精品茶館；其中，種植於高海拔茶區的 P312 樹種——如塔桑莊園的喜馬拉雅謎境紅茶（Enigma）——最受讚賞，其香氣輕盈飄渺，加上在欉紅麝香葡萄的果韻，仙氣逼人。輕輕地加入奶泡後，風味升揚，如秋天微風，舒適清爽。

材料

茶葉 大吉嶺香甜系 P312 樹種夏摘莊園茶 5g

鮮奶 全脂鮮奶 120ml

熱水 95℃，250ml

糖 玉荷包蜂蜜 15g

作法

1 熱水溫壺（分量外），倒掉熱水後，置入茶葉鋪平壺底。

2 熱水沖茶注水，距離壺口約 5 公分，以中水柱順時針旋轉注水沖茶，浸泡時間約 5 分鐘。

3 時間到，濾網過濾作法②的茶葉，將茶湯倒入馬克杯中，加入玉荷包蜂蜜攪拌。

4 打發奶泡，倒入作法③的馬克杯中。

白露・秋分

白露時令，秋老虎持續發威，日夜溫差漸大。秋分的到來，日與夜的時間均等，東北風漸漸南下，溼涼變化快。秋風漸起，適合以高山小葉種夏摘紅茶或錫蘭高地紅茶的溫和茶體賦予身體適當暖意。

這是一款以大吉嶺夏摘紅茶純淨麝香葡萄茶韻為風味核心的拿鐵。熱沖後，茶湯香氣飄逸，與玉荷包蜂蜜花香巧搭；奶泡分量無須過多，風味純淨，也更趨立體悠揚。

AUTUMN | 白露 · 秋分 | SEPTEMBER

錫蘭 Nuwara Eliya 紅茶可可拿鐵

斯里蘭卡最高海拔茶區的 Nuwara Eliya 茶區，有著錫蘭香檳美稱，幽幽玫瑰香，圓潤森林果莓茶韻，細緻直爽。添入可可粉一起打發奶泡，倒入茶湯後，散發巧克力甜香，幸福迷人。

材料

茶葉 錫蘭 Nuwara Eliya 高地條形紅茶 5g

鮮奶 全脂鮮奶 120ml

熱水 95℃，250ml

糖 可可粉 20g

其他 巧克力絲適量

作法

1 熱水溫壺（分量外），倒掉熱水後，置入茶葉鋪平壺底。

2 熱水沖茶注水，距離壺口約 5 公分，以中水柱順時針旋轉注水沖茶，浸泡時間約 5 分鐘。

3 時間到，濾網過濾作法②的茶葉，將茶湯倒入馬克杯中。

4 可可粉加入鮮奶，一起打發奶泡後，倒入作法③的馬克杯中。

5 巧克力片先用刨絲器刨絲，再撒入作法④。

Nuwara Eliya 品質最好的產季是 1 ～ 3 月，可透過專業紅茶館，比較容易取得。風味上，其帶有優雅玫瑰香，橙果及莓果滋味明顯，再以可可奶泡提味，巧克力絲溶入口感，苦後回甘，令人平靜踏實。

義式咖啡黑糖奶茶

義式咖啡的濃、CTC 紅茶的醇、粗製黑糖的甜，獨樹一格的香甜濃郁，適合小口小口品嚐。靜下心，單純感受紅茶單寧及兩種咖啡因融合，再讓黑糖及鮮乳，和緩厚重韻味。

材料

茶葉	大顆粒阿薩姆 CTC 紅茶 5g
鮮奶	單一牧場全脂鮮奶 100ml
熱水	95℃，150ml
糖	粗製黑糖 12 ～ 15g
其他	義式咖啡 40ml

作法

1 熱水溫壺（分量外），倒掉熱水後，置入茶葉鋪平壺底。

2 熱水沖茶注水，距離壺口約 5 公分，以中大水柱順時針旋轉注水沖茶，浸泡時間約 3 分鐘。

3 倒入 40ml 義式咖啡於馬克杯中。

4 時間到，濾網過濾作法②的茶葉，將茶湯倒入作法③的馬克杯中，加入粗製黑糖攪拌。

5 鮮奶緩緩倒入作法④的馬克杯中。

寒露・霜降

中秋後，露氣寒，早晚溫差更大。夜晚由涼轉冷，更得注意保暖。精神上，莫名的秋愁湧上，多運動、多喝茶性溫熟的紅茶或炭焙烏龍茶，可保持身體暖和、身心舒暢。

大顆粒 CTC 紅茶，粗獷平實的茶體，帶些厚度，與濃縮咖啡調配，包容共存。既然是單純體驗茶與咖啡的融合滋味，慢慢的小口品飲，根據自己的口感喜愛，再添入黑糖與鮮奶，平衡味蕾上突來的厚重。

| WINTER | 寒露·霜降 | OCTOBER |

柴燒凍頂烏龍拿鐵

焙火後的凍頂烏龍茶（春茶或冬茶），茶性溫潤，喉韻甘醇；加些古早味柴燒黑糖攪拌，柴燒香氣揚起凍頂茶湯糯米般甜香；加入鮮奶泡，再撒上些柴燒黑糖，風味立體，暖暖甜甜。

材料

茶葉　傳統凍頂烏龍茶 8g
鮮奶　單一牧場全脂鮮奶 120ml
熱水　95℃，250ml
糖　　柴燒黑糖粉 12g

作法

1　熱水溫壺（分量外），倒掉熱水後，置入茶葉鋪平壺底。

2　熱水沖茶注水，距離壺口約 5 公分，以中大水柱順時針旋轉注水沖茶，浸泡時間約 6 分鐘。

3　時間到，濾網過濾作法②的茶葉，將茶湯倒入馬克杯中，加入柴燒黑糖攪拌。

4　打發奶泡，完成後，再緩緩倒入作法③的馬克杯，撒些黑糖粉裝飾。

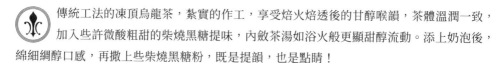

傳統工法的凍頂烏龍茶，紮實的作工，享受焙火焙透後的甘醇喉韻，茶體溫潤一致，加入些許微酸粗甜的柴燒黑糖提味，內斂茶湯如浴火般更顯甜醇流動。添上奶泡後，綿細綢醇口感，再撒上些柴燒黑糖粉，既是提韻，也是點睛！

| WINTER | 立冬・小雪 | NOVEMBER |

錫蘭烏巴鍋煮奶茶

斯里蘭卡向來以傳統紅茶製茶工藝為豪，其中 BOP1 或 FBOP1 等級的烏巴紅茶，
更是正統錫蘭紅茶佼佼者。鍋煮為之，簡潔俐落。

材料

茶葉 烏巴紅茶 BOP1 或 FBOP1 6g
鮮奶 全脂鮮奶 150ml
熱水 400ml
糖 黑糖 12g

作法

1　三層不鏽鋼鍋，大火煮水。

2　將要沸騰之際，倒入茶葉煮茶 1 分 30 秒。

3　轉小火，倒入鮮奶攪拌 30 秒。

4　關火，倒入黑糖輕攪拌 30 秒。

5　時間到，濾網過濾作法 ④ 的茶葉，將茶湯倒入西式茶壺裡。

立冬・小雪

立冬、小雪，白天變短，陽光減弱，萬物盡藏。此時節須避寒保暖，生活規律，多曬些太陽，喝茶可依著茶湯顏色漸轉為紅褐色系茶款。世界三大紅茶之一的烏巴紅茶，以鍋煮方式，讓剽悍茶性風馳電掣。而圓潤直爽的阿薩姆調配紅茶，以竹薑研磨，一起鍋煮，既可去除寒氣，又有一絲辛口後勁，入口即可立即暖身，保有冬日活力。

錫蘭烏巴紅茶品質最好的產季是 7～9 月，而我更鍾愛這時期的高地烏巴紅茶——明亮的薄荷香，沁甜地穿透每一絲茶湯中；極富張力的收斂性，隨即濃粹在喉頭，是甘醇韻的層層凝結。錫蘭烏巴鍋煮奶茶是釋放傳統紅茶工藝風味的尊重儀式，2 分 30 秒時間，簡單直接，紮實洗鍊。

WINTER │ 立冬・小雪 │ NOVEMBER

竹薑黑糖鍋煮奶茶

竹薑嗆勁直接,新鮮研磨後,帶些檸檬甜香;與阿薩姆紅茶鍋煮後,鮮爽帶嗆,香氣勁揚。竹薑適當的刺激性,與溫潤大葉種紅茶結合,暖身暖心。

材料

茶葉　阿薩姆 CTC 紅茶 6g、錫蘭 Kandy 紅
　　　　茶 3g

鮮奶　全脂鮮奶 180m

熱水　500ml

糖　　黑糖 15g

其他　竹薑 20 ～ 25g

作法

1　竹薑刨絲後,放入三層不鏽鋼鍋,大
　　火煮 1 分鐘。

2　茶葉倒入作法①煮 1 分 30 秒。

3　轉小火,倒入鮮奶攪拌 30 秒。

4　關火,倒入黑糖輕攪拌 30 秒。

5　時間到,濾網過濾作法④的茶葉及竹
　　薑渣,將奶茶湯倒入西式茶壺裡。

新鮮竹薑的嗆甜,略麻帶勁,與包容性極佳的阿薩姆紅茶及 Kandy 紅茶鍋煮,風味巧妙融合,而黑糖則是關鍵所在。鍋煮過程的攪拌,讓食材風味可以在極短時間,快速混合,減少揮發;再以黑糖遇熱結晶的特性,保留住風味。

大吉嶺鑽石鍋煮奶茶

爾利亞莊園最高規格鑽石紅茶，以年輕 AV2 樹種精心限量客製——華麗核桃甜果韻為基礎，疊上芬芳玫瑰甜香；明亮清透的質地，入口如霜果沁甜，悠悠生津。鍋煮奶茶最迷人滋味，莫過於核桃果甜散發在每一滴奶茶上；隨後霜甜口感的綻放，如鑽石般，是質感最為透亮皎潔又飽富可可韻味的精品奶茶。

材料

茶葉	大吉嶺爾利亞莊園鑽石夏摘茶 8g
鮮奶	全脂鮮奶 150ml
熱水	500ml
糖	粗製黑糖 12g

作法

1　三層不鏽鋼鍋，大火煮水。

2　將沸騰之際，倒入茶葉煮茶 2 分鐘

3　轉小火，倒入鮮奶攪拌 30 秒。

4　關火，倒入黑糖輕攪拌 30 秒。

5　時間到，濾網過濾作法④的茶葉，將茶湯倒入西式茶壺裡。

大雪·冬至

冬至，從字面上的含義，就是冬天到了。溼冷氣候，穿著務必確實顧及頭、心、足的保暖。濃濃的聖誕節慶，也在此時盛裝登場。漫步街上，聖誕紅樹海映入眼簾，喜樂聖歌被歡聲唱起。此時品飲奶茶，茶葉當選大吉嶺夏摘莊園紅茶 AV 樹種，無論鍋煮或拿鐵，華麗香甜滋味，都適合在如此的節慶與好友分享。

這款精緻奶茶，鍋煮過程中最大挑戰即是表現皎潔沁甜的冷霜感。能煮出核桃果甜韻與鮮奶和諧交織的口感，已是上乘；能傳遞鑽石紅茶產區，在喜馬拉雅冷冽季風整年吹拂下所孕育的冷霜滋味於鍋煮奶茶上，才是極致。這條攀越巔峰之路，最關鍵之處在於透析鑽石紅茶茶葉本質風味，適當醒茶，把握葉底沁涼甜韻甦醒時刻，能做到這些的，就是鍋煮！

WINTER	大雪・冬至	DECEMBER

大吉嶺紅寶石紅茶拿鐵

大吉嶺爾利亞莊園有著尊貴聖潔之意，以成熟 AV2 樹種限量製作的紅寶石紅茶，富華麗核桃甜果韻與多層次的鮮果滋味，深獲莊園茶茶饕喜愛。融入單一牧場全脂鮮奶打發奶泡，質感更為雍容。

材料

茶葉　大吉嶺爾利亞莊園紅寶石夏摘茶 5g

鮮奶　單一牧場全脂鮮奶 120ml

熱水　95℃，250ml

糖　　粗製黑糖 12g

其他　肉桂粉適量

作法

1　熱水溫壺（分量外），倒掉熱水後，置入茶葉鋪平壺底。

2　熱水沖茶注水，距離壺口約 3 公分，以中水柱順時針旋轉注水沖茶，浸泡時間約 6 分鐘。

3　時間到，濾網過濾作法②的茶葉，將茶湯倒入馬克杯中，加入粗製黑糖攪拌。

4　打發奶泡，完成後，緩緩倒入作法③的馬克杯中，再撒上肉桂粉裝飾。

這款隱藏版拿鐵，常受限於沒有爾利亞莊園紅寶石紅茶可供應。風味上，不同於正統大吉嶺夏摘茶的麝香葡萄味，鮮明的核桃甜果韻，風味渲染度強，飲完後，餘韻仍久久不散。這絢麗寶石般的紅茶拿鐵，最能頌讚聖誕歡樂喜慶。

冬季香料奶茶戀曲

香料奶茶風味靈魂，來自於香料多樣化組合配方，而烹煮的方式最能賦予其深度。先煮香料，充分釋放香氣及味道，再置入茶葉攪拌，讓茶葉及香料滋味融合。有了辛嗆的底蘊，倒入鮮奶快速攪拌，風味融合更緊實，最後，再加入黑糖提韻。

材料

茶葉	阿薩姆 CTC 紅茶 5g、錫蘭烏巴紅茶 2.5g、大吉嶺麝香秋摘茶 2.5g
鮮奶	全脂鮮奶 200ml
熱水	500ml
糖	黑糖 15g
其他	竹薑 10g。香料（碎肉桂棒、丁香 2 顆、小茴香 1 小匙、肉荳蔻 6 顆、小荳蔻 4 顆、胡椒粒 6～8 粒、月桂葉 1 片）

作法

1　竹薑刨絲，連同香料，放入三層不鏽鋼鍋，蓋上鍋蓋，中火煮 2 分鐘。

2　開蓋，倒入茶葉煮茶，攪拌 2 分鐘。

3　轉小火，倒入鮮奶，快速攪拌 30 秒。

4　關火，倒入黑糖，輕攪拌 30 秒。

5　時間到，濾網過濾作法④的茶葉及香料渣，將奶茶湯倒入西式茶壺裡。

小寒・大寒

小寒、大寒，正是一年氣候最冷之時。阿薩姆紅茶的溫潤平實，加入紅糖、枸杞、紅棗、薑、鮮奶等任意組合，可變化出不同風味。而以阿薩姆紅茶為主體，拼配其他產區大葉種紅茶及大吉嶺麝香秋摘紅茶，溫潤茶體上會多些厚實及果韻；再與鮮奶及香料鍋煮，熱情辛嗆又直爽的厚實口感，最能在寒冷疲累時，給予撫慰。

漫步於印度街頭，空氣瀰漫著香料香氣，正統印度香料奶茶風情，散佈在當地每一角落。越是消費高的餐廳，香料奶茶往往淪為配角，喝完後，滋味不足，更會懷念起街邊的專賣店。此處所分享的配方，類似北印風格，辛辣清爽，香氣十足，整體口感平衡順暢！

奶茶風味學

CHAPTER

5

午茶時光

在下午茶美味組合裡，甜點與茶彼此間相依相生，
在茶與甜點的設計搭配上，紛紛各具巧思及偏好。

↑ 依節氣調製的奶茶饗宴，與西式、日式、台式等甜點對味，皆是巧搭！

愜意的午茶時光

有茶相伴的日子，
讓繁忙生活保有一絲恬靜；
與茶相遇的時刻，匆促的腳步，也為之停留。

當滴答滴答的時針聲，來到三點鐘的午茶時光，一杯奶茶，一份甜點，是一天中最愜意的時刻！

這愜意時刻，細膩的將豐富的情感流動在一杯茶裡，或許似水年華，但不曾消散的是在記憶深處的香氣、滋味與片刻。為自己設計一份奶茶甜點時光，我們也會有法國大文豪馬塞爾·普魯斯特（Marcel Proust, 1871-1922）般的普魯斯特時刻。

茶與甜點的組合搭配

茶與甜點的美味碰撞，東方至西方，都有其飲食風俗所孕育出的經典文化，如正統英式下午茶三層甜點架，底層鹹味三明治、中間司康、上層甜點；取餐食用順序由下而上，先鹹後甜，並搭配著一套嚴謹下午茶禮儀，彰顯英國貴族人士的涵養。

而各個年代經典的下午茶或甜點文化，通常由社會上層階級引領風潮，充滿時尚元素，再擴展至庶民大眾，品味下午茶時的儀式，也更輕鬆隨意。在下午茶美味組合裡，甜點與茶彼此相依相生，究竟是飲茶帶動了甜點需求，抑或甜點豐富了午茶色彩，愛茶人士與甜點控肯定觀點各異，在茶與甜點的設計搭配上，紛紛各具巧思及偏好。

隨著品味的跨界，如此豐富且多樣化的元素融入午後時光，若要自在優雅地享受茶與甜點的創意組合，從風味本質上，掌握對味搭配的關聯性，午茶時光就更能與美味輕鬆契合。

從風味上搭配

基底茶及甜點的外觀與顏色上，依風味色系（綠白黃橙紅褐黑）組合搭配，取同樣或相鄰色系進行搭配。通常淡色系清爽、深色系濃郁，所以基礎搭配原則：淺色茶湯搭配淺色甜點，深色茶湯搭配深色甜點。

如大吉嶺春奶茶的橙黃色基底茶茶湯，可選擇輕乳酪蛋糕；而阿薩姆奶茶的紅褐色基底茶茶湯，則選擇巧克力或核果塔。

從風味色系原則上選擇，仍要避免同色系味道重疊而過重，若與鄰近色系搭配，味階銜接要順暢，把握不違和、不搶味、不跳味的原則。

若是對比色階的搭配上，有時來一點不拘一格的創意，或許能創造出意料之外的繽紛多彩。但同樣的風味串連上仍須平衡流暢，不讓強烈的單一風味壓蓋過另一風味。

從質地與口感上搭配

以質地的粗細為基礎，細膩對細膩、粗獷對粗曠，同樣質感的組合，更能充分享受口感。但若味道雷同又同質到底，感受上則容易死膩無層次。

在口感的濃淡上，濃郁對濃郁，清淡對清淡，感受不易突兀。同樣的，須避免味道一路濃到底或貧乏太淡。口感上濃淡有程度之分，融合搭配，更易平衡美味。

若是以單一味道為主，可以在質地細微的層次差異上作設計，賦予口感的豐富感受。而質感間的銜接設計，也須維持相鄰性，從淡雅、輕揚至柔軟，或粗獷、濃厚至硬實。

其實風味口感等偏好，都是非常個人且主觀的。試著綜觀全局，先想像單一茶款或甜點的質地特徵，及其入口後的味蕾感受與變化，再來設計搭配組合。風味銜接越佳，口感便越能契合。

而當奶茶要與精緻甜點進行搭配時，基底茶品質至少也須與甜點屬相同精緻等級，口感上才不至於枉顧了甜點或奶茶的價值。

↑　色系上搭配，清淡對淺色，濃郁對深色。

↓　質地上搭配，濃郁對濃郁。

1

AFTERNOON
TEA
LEGACY

—⁓—

西式經典
午茶甜點

—⁓—

茶飲與甜點，有經典的對味，也有混搭的創新，
更多的是生活上的飲食日常。
與奶茶的搭配上，
越是質樸無華的點心，越能有雋永的感受，
如戚風蛋糕、司康、瑪德蓮等。

↑ 阿薩姆蜂蜜紅茶拿鐵，佐味司康，輕鬆幸福。

司康（Scone）英式正統

又名英式鬆餅，源於十六世紀的蘇格蘭，隨著英國下午茶文化的盛行，十九世紀初期躍然為主角，風靡至今，嚴然已是英式下午茶最經典的甜點象徵了。而少了司康的英式茶館，午茶乏味，口感變調，舌尖上的英倫，即不復存在。

司康的材料及製作，簡簡單單，但就是在平凡中才能見真章。從烤箱出爐後，恰到好處的口感，外酥內軟，濕潤鬆軟，搭配任何一款奶茶，幾乎都是契合的。吃的時候，將司康橫向撥開，溫溫熱熱的糕體沾上凝脂奶油（Clotted Cream），濃郁冰涼的油脂融滑了乾酥的口感，或草莓果醬酸甜滋味隨著司康鬆軟蔓延，真是好個英式午茶風情。

正統英式風情的司康，氣度非凡又平民實在，在華麗的三層下午茶

（Afternoon Tea）甜點中扮演要角，也在廣泛普及的 Cream Tea（傳統的簡單下午茶組合）中恣意發揮。更受歡迎的 Cream Tea，可說是簡易版的英式下午茶組合，包括了茶、司康、草莓醬、凝脂奶油，口感飽足少負擔，輕鬆簡單即可準備妥當。若要多些舌尖上的口感變化，就從奶茶或果醬著手吧！

濃郁香氣的「**英式香濃鮮奶茶**」，或華麗滋味的「**大吉嶺麝香夏摘鍋煮奶茶**」，與司康的外酥內軟溫潤質地，正是巧搭。一口塗了醬的溫熱鬆餅，一口滑稠奶茶，餅皮乾酥感瞬間受滋潤、融化，內軟質地與奶茶甜香交織更是幸福蔓延。若是簡約版的 Cream Tea，不妨試試大葉種紅茶拿鐵與司康的混搭吧！

☞ 英式香濃鮮奶茶 P.104，大吉嶺麝香夏摘鍋煮奶茶 P.106。

瑪德蓮（Medeleines）法式浪漫

著名的普魯斯特時刻，沾了茶湯的瑪德蓮，誘發了法國大文豪普魯斯特的創作靈感，從香氣及滋味為開端，勾起一連串回憶，鑄就文學巨著《追憶似水年華》（*À la recherche du temps perdu*）！

外型如貝殼般的法式傳統小蛋糕，口感不似海綿蛋糕柔軟，但滋味卻更為濃郁。金黃色澤蜜糖香氣，貝殼紋路曲線，大有來頭的甜點軼事，伴於佐茶，品味更為有趣。

瑪德蓮濕潤質地與孔隙，輕輕沾上茶湯，蛋糕體的甜味，賦予奶茶更佳圓潤口感；而瑪德蓮常用的檸檬皮及蜂蜜素材，讓入口後茶湯的明亮感昇華不少。

如此輕盈且甜蜜的小蛋糕，對味香氣奔放及果韻飽滿特質的奶茶，如「**英式（或法式）香濃伯爵奶茶**」、「**大吉嶺麝香夏摘紅茶拿鐵**」、「**烏巴紅茶拿鐵**」等，風味融合，非同小可。自大文豪為瑪德蓮掛上后冠後，她迷人香氣與滋味，已成傳奇；與茶相佐，更顯雋永。

追憶似水年華，或許我們沒有大文豪般情懷，或許我們記憶會逐漸

↑ 香氣奔放的法式香濃伯爵奶茶，對味檸檬滋味瑪德蓮。

↑ 樸實無華的戚風蛋糕，對味大吉嶺春茶拿鐵或臺灣高山烏龍清奶茶，風味雋永。

斑駁，但瑪德蓮與茶交織揮灑出的香氣與滋味，持續上演著每個人的普魯斯特時刻！

🍃 英式（或法式）香濃伯爵奶茶 P.104，大吉嶺麝香夏摘紅茶拿鐵 P.132，烏巴紅茶拿鐵 P.140。

戚風蛋糕（Chiffon Cake）美式自在

戚風蛋糕，由美國人所發明，如從音譯，為「雪紡」之名，口感似布料鬆軟綿滑。製作上，採用分蛋打發技巧，讓空氣改變戚風質地組織，鬆軟細緻，濕潤爽口。

製作戚風蛋糕的原始食材（麵粉、雞蛋、糖、植物油等）簡單，取得也方便，更能融入其他風味元素，呈現食材原味的美好。除了傳統配方外，戚風蛋糕風味多樣化，創作上若能善用在地食材特色及烘焙上的創意巧思，如以全蛋白打發，或以米摻入麵粉，就能表現更自在的戚風本色。

以茶入饌，以世界莊園紅茶為風味元素，融入戚風蛋糕的製作上，如大吉嶺鑽石紅茶戚風蛋糕、烏巴紅茶戚風蛋糕、日月潭紅玉紅茶戚風蛋糕、正欉鐵觀音烏龍茶戚風蛋糕等，都是甚受茶友喜愛的甜點。至於與奶茶的對味搭配，那就是饒富樂趣的風味銜接遊戲了。

奉行簡約哲學，戚風蛋糕原始的麵（麥）香、濃郁蛋香及甜味，可以搭配清爽系列奶茶或茶拿鐵，如「**大吉嶺春摘茶拿鐵**」或「**高山烏龍蜂蜜清奶茶**」。以茶入饌的戚風蛋糕，可以聚焦單一風味，感受質地及口感變化，如烏巴奶茶與烏巴戚風蛋糕的組合搭配——剽悍茶體的烏巴奶茶，融入戚風蛋糕孔隙，少了收斂性，多了濕潤感，微微薄荷茶香，卻是美妙地銜接上了。

在繽紛亮麗的甜點世界裡，我尤其鍾愛外表樸實無華的戚風蛋糕，沒有過度加工的高糖高油，以自然姿態飄散食材原始風味，以輕盈均勻的乾濕口感，體現簡約的可貴。戚風就是威風！

🍃 大吉嶺春摘茶拿鐵 P.118，高山烏龍蜂蜜清奶茶 P.122。

午茶時光

2

NEW TRENDY AND JAPANESE DESSERT

創新潮流甜點
&
日式和風甜點

品味的跨界，讓甜點與茶更不拘泥於佐茶輔味了 ！
以茶入饌，如茶巧克力等新潮甜點，
拓展了風味想像及味蕾上的體驗限度 ，
而充滿季節律動的日式和菓子，
對味鍋煮奶茶或茶拿鐵，也是一絕。

↑ 大吉嶺莊園茶拿鐵對味莊園茶巧克力。

茶巧克力

　　風味的融合，品味的跨界，以茶入饌的創意應用，也可以淋漓盡致的展現在巧克力上。融合了單品元素，以 Bean to Bar（從選取可可豆開始，到製作巧克力塊的所有生產過程）的概念，鋪天蓋地在更多單一可可莊園、獨立品牌醞釀發酵著。

　　巧克力佐茶，或茶入巧克力，多方拓展了味蕾上的體驗限度及食材風味想像。數年前，米甜點創作達人怡帆（拾米屋）提出了莊園茶入巧克力的跨界提議，我總想著：細膩質地的莊園茶，應會被巧克力濃厚的風味壓抑吧；每次創作完，怡帆總是小心翼翼地拿著茶巧克力成品，等著我們給予最忠實的回饋。就這樣歷經了周而復始的修正，直至「茶」巧克力表現出茶鮮明的風土滋味及無違和調性，始能推出。

　　幾款真實美好的茶巧克力中，最令我驚艷的莫過於「大吉嶺珍珠白茶白巧克力」。白茶過分的細緻與珍珠般的潔淨，在沖泡上已有難度；用於茶巧克力的創作上，更是困難。怡帆以白巧力歷史為借鏡，從科學角度思考食材本質，想像不同風味交錯下的結晶。正是看重白巧克力淡雅的性格，便以其為風味載體，創造出這款看似風味飄逸，實則口感清透、質地膠稠的珍珠白茶巧克力。推出後，饕客的喜愛不只是肯定，更是推進我們設計茶巧克力與（奶）茶有更好搭配的動力。值此同時，拾米屋創作的茶巧克力，已獲得世界巧克力金牌的桂冠榮耀。

　　驚喜總是超越自己有限的知識侷限，臺灣品牌 COFE 以今年新品「喫的臺灣茶 COTE」的臺灣茶巧克力，陸續獲得亞洲區及世界巧克力大賽金牌，風味執行者謹慎以對；而我心中，他們已是茶風味體驗創新者。

　　茶巧克力與茶的跨界風味體驗，剛剛萌芽。我們一直嘗試著（奶）茶與茶巧克力的各種對味美好，至今仍有諸多不足。這一項有趣的午茶課題，就讓我們多喝茶繼續吧！

🍃 大吉嶺春摘茶拿鐵 P.118。

↑ 臺灣莊園茶拿鐵對味臺灣茶巧克力。

↑ 日式抹茶拿鐵，對味和菓子，口感相抗衡，質地相對稱。

和菓子

日本茶道文化，奠定日式美學靈魂，其精髓深入大和民族飲食風貌。其中日式抹茶與日式和菓子，天造地設，流行於日本上層社會，有著一定的品味儀式，完整保留至今。

日式抹茶與和菓子，就像英式紅茶與司康之於英式文化，已是大和飲食文化象徵。抹茶更是被全面性應用在蛋糕、冰淇淋等甜點上。而充滿季節感的日本和菓子，原只是為舒緩抹茶的苦澀，隨著菓匠工藝逐漸成熟及精緻發展，也一期一會地展現在日本茶席上，與茶搭配，並隨著節令更換主題。

和菓子基本分類法，以材料及含水量多寡，分為生菓子、半生菓子與乾菓子等三大類。生菓子含水量 30% 以上，如大福、水羊羹等，保存期限不到兩天；乾菓子含水量不到 10%，包括米餅、煎餅等；半生菓子含水量則介於兩者間，如甜納豆、羊羹等。

充滿季節律動的和菓子，傳統上菓匠會以春天櫻花、夏天紫陽花、秋天楓樹與冬天雪花等，設計和菓子外觀顏色及滋味。若與日式抹茶搭配的和菓子，本身已有一定甜度，可適當中和抹茶的苦澀感，但甜味需單純，不額外添加奶油等重口感風味，以免影響抹茶的純淨甘甜。

如銅鑼燒或紅豆泥羊羹，甜味更豐富，與「**抹茶拿鐵**」、「**大吉嶺夏摘麝香紅茶拿鐵**」、「**細緻風味鍋煮奶茶**」搭配，都是一絕！口感上的抗衡，質地上的對稱，和菓子風味會隨著奶茶（茶拿鐵）而改變，衍生另一種層次的體驗。而我最常搭配的方式，就是順應自然——讓季節性和菓子搭配著該節氣的奶茶或茶拿鐵，無為而飲！

🍃 漂浮手刷日式抹茶 P.130，大吉嶺夏摘麝香紅茶拿鐵 P.132，細緻風味鍋煮奶茶 P.144。

TAIWAN
RETRO
DESSERT

—— ❧ ——

臺式懷舊
復刻甜點

—— ❧ ——

「臺灣味」是這十年來最火紅的飲食話題，
從法皮臺骨的 Fine Dinning、精緻甜點，
到各式古早味甜點復刻，融入更多在地元素，
透過食材、外觀神韻或料理工法，詮釋臺灣多元包容的海島性格。
從街頭的雞蛋糕、送禮的綠豆椪、鳳梨酥、鬆糕等，都可佐茶搭配。
貼近生活挑款臺味十足的甜點，佐味奶茶，甚是寫意。

↑ 鬆糕，臺式精緻懷舊甜點。

　　「臺灣味」的包容性格，編寫出臺灣多樣化的下午茶風格，像世界甜點熔爐一般，有法式、日式、英式、美式等型態，一波一波流行著，臺灣的幸福午茶時光，隨處可得，但論到臺式甜點，答案更是豐富，樣貌或許模糊，如何勾勒出臺式甜點風貌？從歷史簡單疏理，多半有著福建或廣東移民色彩，最初並非為「喝茶」設計；單純地吃、單純地喝，茶與點心，卻也自然而然就逐漸發展出專屬的臺味搭配，一種臺灣人獨有的寫意情調。

鬆糕

源於大陸江浙的鬆糕，是過年節慶應景的小糕點，最初在臺灣少為人知，但現在可是臺式精緻懷舊午茶的甜點主角。米為鬆糕的主要

原料（在來米、糯米、紫米等），以米的生粉製品來炊蒸，質地上會有顆粒縫隙，並包覆著豆沙、棗泥、芝麻等內餡，酥軟適中，小巧精緻。一口鬆糕，再配上臺灣烏龍茶，便是一幅帶有濃濃的復刻味道的臺式午茶光景。

鬆糕，看似質樸，但從米的選擇到磨粉、拌水、拌糖、反覆脫篩、炊蒸，製作工序無不一需要師傅的豐富經驗與專業技術，特別在西式烘焙人才輩出的情況下，中式糕點技藝更顯得可貴。一顆小小的鬆糕，從吃飽到吃巧，依舊不花俏，如同臺灣水牛精神，踏實往前。

鬆糕的微微米顆粒，濕潤本土食材內餡，恰到好處的乾濕，一入口，淡雅的米香揚起，米顆粒更隨著內餡、隨著垂涎的唾液溶解，滋味在舌尖輕舞。如此清爽細緻的鬆糕，當然以「臺灣高山烏龍清奶茶」的清甜優雅、「大吉嶺春茶拿鐵」的細膩果韻，最為對味，口感上綻放出米香、奶香、茶甜的層層風味，既是精緻，更是悠長。

➤ 臺灣高山烏龍清奶茶 P.116，大吉嶺春茶拿鐵 P.118。

（土）鳳梨酥

鳳梨酥，是過去臺灣再平凡不過的平價送禮甜點，很少與茶共食。當傳統方形外觀改至氣派長條型，捨去冬瓜內餡，標榜單一土鳳梨品種內餡，採用日本麵粉、法國鮮奶油——從內餡至餅皮，質地氣派升級，華麗變身，締造臺灣金磚傳奇。

滿街琳琅滿目的鳳梨酥品牌，已非僅一小塊讓客人試吃，而是有標準的體驗流程：一塊土鳳梨酥，一杯臺灣茶，讓消費者認識品牌、認識土鳳梨酥；透過吃吃喝喝的過程，也教育消費者更生活化、在地化的臺式午茶享受。我也是享受到這獨到體驗後，根深蒂固且刻板的鳳梨酥風味認知才被消弭，也誘發我進行更多樣的鳳梨酥嘗試，如開英二號、三號、金鑽等，果然鳳梨就是好風味！

土鳳梨酥的好滋味，融合了麵香、奶香及果肉酸香。酥脆餅皮上的

↑ 一口臺灣凍頂烏龍茶拿鐵，一口土鳳梨酥，臺味不凡。

↑ 經典臺式麵包復刻。

麵香奶香，中和了開英品種香氣濃厚、獨特酸甜的滋味，勾起生津化甜的想像，對味古早味「柴燒凍頂烏龍茶拿鐵」，是最臺式的體驗組合。喉韻甘醇的凍頂烏龍茶拿鐵，修飾了土鳳梨的甜膩，拿鐵茶湯中柴燒黑糖甜香，拉升了鳳梨內餡酸香滋味，一口凍頂烏龍茶拿鐵，一口土鳳梨酥，一串串豐富的甜酸香醇感受，像極了鳳梨酥的華麗變身！

☙ 柴燒凍頂烏龍茶拿鐵 P.138。

香蔥麵包

麵包，如同鳳梨酥，從多位臺灣烘焙師傅陸續贏得世界麵包大賽冠軍榮耀後，華麗大轉身。名店內，法式、日式、義式、臺式麵包，應有盡有，出爐瞬間，麥香逼人，櫃檯大袋小袋地裝，既是點心，又是主食，麵包的美味風潮，是臺灣日不落的烘焙傳奇。

這股麵包風潮，催生了經典「臺式麵包」復古，如波蘿麵包、炸彈麵包、蔥花麵包、花生奶油麵包、蘋果麵包等。無論是傳統復刻，或是新潮臺味，滿滿都是話題，臺式麵包早已非充飢食品，混搭不同飲品佐餐，是貼近生活的流行美味。而我私心自推——香蔥麵包！

相較歐式麵包，臺式麵包的口感及油脂較重，這樣的臺式風格，香蔥麵包絕對是代表。「蔥花多，香氣足，油脂夠」，是蔥花麵包三大美味關鍵。在口裡咀嚼，蔥花香氣，混合著油脂鹹香，豐富十足，是從小熟悉的味道。最臺式的奶茶搭配，當然是分量也足的「柴燒黑糖凍頂烏龍茶拿鐵」及「正欉鐵觀音鍋煮奶茶」。東西混搭呢？黑糖紅茶拿鐵及紅茶奶昔，也是巧搭！讓濃郁黑糖的甜，平衡蔥花的油鹹香，以紅茶及炭焙烏龍茶的厚度，呼應麵包濃郁重油脂。重口感對味的飽足，也是復古！

☙ 柴燒黑糖凍頂烏龍茶拿鐵 P.138，正欉鐵觀音鍋煮奶茶 P.108。

戀戀午茶！

茶的恬靜，
有了鮮奶佐入，
更富質感與穩軟。

繽紛燦爛的甜點，
多樣又幸福，
珠寶般絢麗，
卻如曇花般短暫。

能長久觸人心弦的午茶搭配，
不必如流星般耀眼，
是平實在地，
融入日常，
香氣及滋味久駐記憶，
能經典流傳，
且令人戀戀不已。

調製一杯專屬於自己的奶茶吧！

奶茶持續改變你我的品飲樣貌，帶領更多人進入喝茶的世界。而一杯奶茶的純粹美好，常常是文字所不能及的，如同純淨的茶湯，自然內斂。感受奶茶的美麗，先從喝乾淨的茶開始吧！

多喝茶，愛喝茶，越是愛茶，越會窮究茶的本質風味，欣賞自然風土條件所孕育的滋味及工藝所鑄就的風格。以乾淨滋味融入日常之姿，練習沖泡，好好沖泡，靜心品飲。同樣地，試著自己創作一杯奶茶，用心選，動手做，奶茶一點一滴的美好，內心自然而然揚起的悸動，會讓人更熱衷於每天都為自己調製一杯奶茶。

調製奶茶的初衷，源於大吉嶺山城、北印風格香料奶茶的觸發：簡單工序、天然食材、創作配方，無須名器加持，寫意實做不花俏。這樣御繁為簡的製作奧義，時時提醒著：科學為體，風味為用，生活為趣。越是簡單，越要紮實；越是純粹，越是美好！

讀完這本書，請為自己好好調製一杯奶茶吧！

THÉ Beauté

gourmet tea

折價券 ○○○○● **20% OFF**
茶館內用全品項

折價券 ○○○○○● **50% OFF**
外帶店，鮮奶茶系列
【限1杯】

兌換地址，請參考 麗采蝶茶館
臉書：www.facebook.com/thebeautytea
官網：www.beautytea.cc

優惠活動至 2 0 2 2 . 1 2 . 3

積木文化

104 台北市民生東路二段141號5樓

英屬蓋曼群島商家庭傳媒股份有限公司　城邦分公司

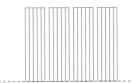

請沿虛線對摺裝訂，謝謝！

 積木生活實驗室
facebook.com/CubeZests

 cubepressig
instagram.com/cubepressig

podcast：積木生活實驗室
https://open.firstory.me/user/cubepress-podcast/platforms

ebook
http://cubepress.com.tw/list/index.php/ebook

facebook、IG、podcast、部落格、
線上課程，隨時隨地，無時無刻！
http://cubepress.com.tw/list/index.php

1. 購買書名：＿＿＿＿＿＿＿＿＿＿＿非常感謝您參加本書抽獎活動，誠摯邀請您填寫以下問卷，並寄回積木文化（免付郵資）抽好禮。謝謝您的鼓勵與支持。

2. 購買地點：□書店，店名：＿＿＿＿＿＿，地點：＿＿＿＿縣市 □書展 □郵購
　　　　　　　□網路書店，店名：＿＿＿＿ □其他＿＿＿＿

3. 您從何處得知本書出版？
　　□書店 □報紙雜誌 □DM書訊 □朋友 □網路書訊　□部落客，名稱＿＿＿＿＿＿＿＿＿
　　□廣播電視 □其他＿＿＿＿

4. 您對本書的評價（請填代號 1 非常滿意 2 滿意 3 尚可 4 再改進）
　　書名＿＿＿　內容＿＿＿　封面設計＿＿＿　版面編排＿＿＿　實用性＿＿＿

5. 您購書時的主要考量因素：（可複選）
　　□作者 □主題 □口碑 □出版社 □價格 □實用　□其他＿＿＿＿＿＿＿＿

6. 您習慣以何種方式購書？□書店 □書展 □網路書店 □量販店 □FB社團 □其他＿＿＿＿＿＿

7-1. 您偏好的閱讀形式（可複選）：□紙本書　□電子書　□有聲書　□有聲課程 □其他＿＿＿＿＿

7-2. 您偏好的飲食書主題（可複選）：
　　□健康養生　□入門食譜 □主廚經典 □烘焙甜點 □品飲(酒茶咖啡) □特殊食材 □烹調技法　□其他＿＿＿
　　□特殊工具、鍋具，偏好 □不銹鋼 □琺瑯 □陶瓦器 □玻璃 □生鐵鑄鐵 □料理家電（可複選）□其他＿＿＿
　　□異國／地方料理，偏好 □法 □義 □德 □北歐 □日 □韓 □東南亞 □印度 □美國（可複選）□其他＿＿＿

7-3. 您對食譜／飲食書的期待：（請填入代號 1 非常重要 2 重要 3 普通 4 不重要）
　　作者知名度＿＿＿　主題特殊／趣味性＿＿＿　知識＆技巧＿＿＿　價格＿＿＿　書封版面設計＿＿＿
　　其他＿＿＿＿＿＿＿＿＿＿＿＿＿＿＿＿

7-4. 您偏好參加哪種飲食新書活動：
　　□料理示範講座 □料理學習教室 □飲食專題講座 □品酒會 □試飲會　□線上影音課程　□其他＿＿＿＿

7-5. 您是否願意參加付費活動：□是 □否；（是——請繼續回答以下問題）：
　　可接受活動價格：□ 300-500 □ 501-1000 □ 1001 以上 □視活動類型　□皆可
　　偏好參加活動時間：□平日晚上 □週五晚上 □周末下午 □周末晚上

7-6. 您是否願意購買線上影音課程：□是 □否；（是——請繼續回答以下問題）：
　　可接受活動價格：□ 500 以下 □ 501-1000 □ 1001-2000 □ 2001 以上 □視課程類型 □皆可

7-7. 您偏好如何收到飲食新書活動訊息
　　□紙本海報 □ email □ FB 粉絲團 □ Podcast：如 ＿＿＿＿＿＿　□ IG：如 ＿＿＿＿＿＿　□ FB：如 ＿＿＿＿＿
　　□其他＿＿＿＿＿

★ 歡迎來信 service_cube@hmg.com.tw 訂閱「積木樂活電子報」或加入 FB「積木生活實驗室」

8. 您每年購入飲食類書的數量：□不一定會買 □ 1~3 本 □ 4~8 本 □ 9 本以上

9. 讀者資料 · 姓名：＿＿＿＿＿＿＿＿＿　· 性別：□男 □女

· 電子信箱：＿＿＿＿＿＿＿＿＿＿＿＿　電話：＿＿＿＿＿＿＿＿

· 收件地址：＿＿＿＿＿＿＿＿＿＿＿＿＿＿＿＿＿＿＿＿＿＿＿＿＿＿＿＿

（請務必詳細填寫以上資料，以確保您參與活動中獎權益！如因資料錯誤導致無法通知，視同放棄中獎權益。）

· 居住地：□北部 □中部 □南部 □東部 □離島 □國外地區

· 年齡：□ 15 歲以下 □ 15~20 歲 □ 20~30 歲 □ 30~40 歲 □ 40~50 歲 □ 50 歲以上

· 教育程度：□碩士及以上　□大專　□高中　□國中及以下

· 職業：□學生　□軍警　□公教　□資訊業 □金融業　□大眾傳播　□服務業　□自由業　□銷售業
　　　　□製造業 □家管　□其他＿＿＿＿＿＿＿＿＿＿＿＿＿＿＿＿

· 月收入：□ 20,000 以下 □ 20,000~40,000 □ 40,000~60,000 □ 60,000~80000 □ 80,000 以上

· 是否願意持續收到積木的新書與活動訊息：□是　□否

＿＿＿＿＿＿＿＿＿＿＿＿＿＿＿（簽名）

旅遊生活

養生

食譜　　收藏

品酒

設計　　　語言學習
　　育兒

手工藝

靜態閱讀，互動app，一書多讀好有趣！

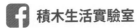

飲饌風流 98

奶茶風味學

從認識產區風土到挑選茶、奶、水、糖，詳解沖泡、調飲、鍋煮等各式沖煮技巧
學會以紮實工序調製一杯職人級精品奶茶

作　　　者／邱震忠
協力撰文／韓　奕
圖片提供／邱震忠

總　編　輯／王秀婷
主　　　編／洪淑暖
校　　　對／余采珊

發　行　人／凃玉雲
出　　　版／積木文化
　　　　　　104台北市民生東路二段141號5樓
　　　　　　官方部落格：http://cubepress.com.tw/
　　　　　　電話：(02) 2500-7696　　傳真：(02) 2500-1953
　　　　　　讀者服務信箱：service_cube@hmg.com.tw

發　　　行／英屬蓋曼群島商家庭傳媒股份有限公司城邦分公司
　　　　　　台北市民生東路二段141號5樓
　　　　　　讀者服務專線：(02)25007718-9　24小時傳真專線：(02)25001990-1
　　　　　　服務時間：週一至週五上午09:30-12:00、下午13:30-17:00
　　　　　　郵撥：19863813　　戶名：書虫股份有限公司
　　　　　　網站：城邦讀書花園　網址：www.cite.com.tw

香港發行所／城邦（香港）出版集團有限公司
　　　　　　香港灣仔駱克道193號東超商業中心1樓
　　　　　　電話：(603)90563833　　傳真：852-25789337
　　　　　　電子信箱：hkcite@biznetvigator.com

馬新發行所／城邦（馬新）出版集團 Cite (M) Sdn Bhd
　　　　　　41, Jalan Radin Anum, Bandar Baru Sri Petaling,
　　　　　　57000 Kuala Lumpur, Malaysia.
　　　　　　電話：603-90578822　　傳真：603-90576622
　　　　　　電子信箱：services@cite.my

美術設計／曲文瑩
製版印刷／上晴彩色印刷製版有限公司

國家圖書館出版品預行編目（CIP）資料

奶茶風味學／邱震忠, 韓奕著. -- 初版.
-- 臺北市：積木文化出版：英屬蓋曼群
島商家庭傳媒股份有限公司城邦分公
司發, 2021.02
184面；17×23公分. --（飲饌風流）
ISBN 978-986-459-263-0（平裝）

1.茶食譜

427.41　　　　　　　　　109021306

【印刷版】
2021年2月4日 初版一刷
2023年9月15日 初版三刷
定價／480元
ISBN 978-986-459-263-0

【電子版】
2021年2月
ISBN 978-986-459-263-0(EPUB)

城邦讀書花園
www.cite.com.tw
Printed in Taiwan.